Hitze-künstler

Beete, die du wenig gießen musst

Mit den wichtigsten **Dos** & **Don'ts**

KOSMOS

Inhalt

Die Reihe mit den Dos & Dont's

Do! Don't

⟶ Die Dos & Don'ts für Beete, die du wenig gießen musst.

61 Musterbeete

92 Service

Prima Klima

Was dich im Garten erwartet

Natur – aus dem Takt

Trinkwasserknappheit, Dürre und extreme Trockenheit sind Schlagwörter unserer Zeit. Schuld daran ist die vom Menschen verursachte Klimaveränderung. Die größtenteils durch den Ausstoß an Treibhausgasen (z. B. CO_2) entstand. So betrug der Temperaturanstieg im Vergleich zu 1850–1900 bis zu den 2010er-Jahren etwa 1,1 °C. 2023 war sogar das heißeste Jahr seit Beginn der Aufzeichnungen. Dies ist ein Indiz dafür, dass die Natur aus dem Takt gerät.
Die globale Erderwärmung entwickelt sich in unseren Breitengraden zu einem ernstzunehmenden Problem. Die Folgen sind die Förderung von Klimaextremen wie starke Unwetter, Trocken- und Kälteperioden. Somit sind Pflanzen gefragt, die mit Wetterextremen umgehen können, wie zum Beispiel robuste und wärmeliebende Stauden.
Beobachtungen haben gezeigt, dass es heutzutage schon im Frühling sehr warme und fast niederschlagsfreie Abschnitte gibt. Der April oder der Mai sind unterdessen oft heiß und trocken. Auch die sommerliche Trockenheit im Beet ist mittlerweile nicht mehr nur auf einige Regionen begrenzt.

Mein Tipp

Wer schöne Blumenbeete ohne Bewässerungssystem haben möchte, sollte bei der Pflanzenwahl darauf achten, dass sie für trockene Böden geeignet sind.

Der Wandel im Blumenbeet

Der Klimawandel läutet auch einen Wandel fürs Blumenbeet ein. Denn Hitzesommer und Trockenperioden benötigen eine etwas andere Pflanzenverwendung. Der Trend geht weg von prächtigen Beetstauden wie Pfingstrosen, Lupinen und Eisenhut hinüber zu hitze- und trockentoleranten Stauden wie Sonnenhüte, Fetthennen und Prachtkerzen.
Ein Blumenbeet sollte generell hübsch anzusehen sowie ökologisch wertvoll sein, und fast keine Arbeit verursachen. Tägliches Gießen ist, meiner Meinung nach, ein absolutes No-Go im Blumenbeet. Gerade robuste Stauden sollten nur bei absoluter Trockenheit oder nach dem Pflanzen ins Beet gewässert werden. Insbesondere teure Bewässerungssysteme sollten in Blumenbeeten überflüssig sein. Denn im Gegensatz zu Nutzgärten, in denen Erträge wichtig sind, muss ein Staudengarten nicht grundsätzlich gegossen werden.

Die Pflanzen des Kiesgartens lieben die Trockenheit.

Der Wandel in der Pflanzenverwendung

In der Pflanzenverwendung ist ein Wandel ab den 2000er-Jahren abzulesen: naturalistische Pflanzungen werden immer beliebter. So wurden Prärie- und Steppenstauden zu den neuen Lieblingen der Gestalter.
Eine Inspirationsquelle war der Kiesgarten der berühmten Gartengestalterin Beth Chatto. Diesen legte sie 1992 auf dem ehemaligen Parkplatz ihrer Gärtnerei an. Darauf wurden Pflanzen gesetzt, die Trockenheit lieben.
Auf den folgenden Seiten zeige ich dir, wie du wunderschöne Blumenbeete gestaltest mit Pflanzen, die auch mit unserem zukünftigen wärmeren Klima gut gedeihen. Du lernst tolle Blumenbeete anzulegen, auch ohne grünen Daumen und gestalterische Ausbildung. Denn Beete benötigen vor allem Freude von ihren Besitzern. Ganz nach dem Motto: Lebe deine Gartenträume!

Auswirkungen des Klimawandels auf die Pflanzen

- Kälteliebende Pflanzen sind in ihrer Existenz bedroht.
- Die Blühzeiten der Frühlingspflanzen verschieben sich nach vorne.
- Mediterranisierung der Pflanzen
- Die einheimische Flora verliert massiv an Vielfalt.
- Spätfrost bei zu früh blühenden Obstbäumen führt zu Ernteverlust.

Standort: volle Sonne & trockener Boden

Setze die richtigen Pflanzen an den passenden Ort! Dieser Leitspruch gilt auch beim Gärtnern mit trockenresistenten Blumenbeeten. Deshalb kümmern wir uns in diesem Kapitel um den richtigen Standort. Bei trockenheitstoleranten Stauden ist der geeignete Standort vollsonnig.

Vollsonnig oder halbschattig?

Doch wann gilt eine Fläche als vollsonnig und wann als halbschattig? Um das herauszufinden, solltest du in deinen Garten gehen und die zu bepflanzende Fläche beobachten. Denn in meinem Gartengestaltungsalltag arbeite ich mit folgenden Faustregeln: Vormittagssonne zählt zu halbschattig und Nachmittagssonne zu sonnig. Vier bis sechs Stunden Sonne zählt meist zu halbschattig, alles, was darunter ist, zu schattig, und alles, was darüber ist, zu sonnig. Absonnig bedeutet, dass der Standort nicht vollsonnig ist.
Bepflanzungen, die sich im Süden oder im Westen eines Gebäudes befinden, sind meist sonnig. Befindet die Bepflanzung sich im Osten, dann ist sie meist halbschattig. Bepflanzungen im Norden eines Gebäudes sind oft schattig.

Dürremonitor Deutschland

Die Illustration auf dieser Seite ist eine Abbildung des Dürremonitors des Helmholtz Zentrums für Umweltforschung. Auf der Karte ist der Dürrezustand des Gesamtbodens im August 2022 zu sehen. Die Abbildung liefert flächendeckende Informationen zum Bodenfeuchtezustand in Deutschland und somit wird das pflanzenverfügbare Wasser im Boden sichtbar. Die dunkelroten Flächen bedeuten außergewöhnliche Dürre und die gelben zeigen ungewöhnliche Trockenheit an. Die Karte zeigt regionale Unterschiede in Bezug auf die Dürre: der Süden und Nordosten von Deutschland sind stärker von Dürre betroffen.

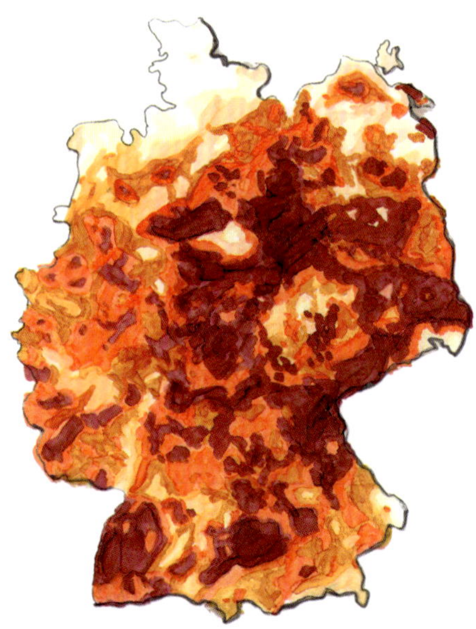

Dürrezustand Deutschland im August 2022

Die weltberühmten Blumenbeete von Great Dixter beinhalten Ackerbegleitpflanzen.

Sich von Naturstandorten inspirieren lassen

Pflanzen an ihren Naturstandorten zu beobachten, bietet wertvolle Informationen darüber, ob sie in unseren Bildgestaltungen funktionieren. Folgende Lebensräume sind für hitzetolerante Pflanzen interessant: Steppe, Prärie sowie mediterrane und heimische Pflanzenwelt.

Die Steppenlandschaft der eurasischen Steppe erstreckt sich auf dem eurasischen Doppelkontinent zwischen Osteuropa und Ostasien. Die trockene Landschaft wird vor allem durch Gräser geprägt wie dem Schwingel *(Festuca valesiaca)* oder Pflanzenarten wie dem Salbei *(Salvia nemorosa)*.

Die Prärielandschaft ist der nordamerikanische Anteil der Steppenzone der Erde. Auch hier spielen Gräser und Trockenperioden eine wichtige Rolle. Sie wird geprägt durch robuste Stauden wie Sonnenbräute (*Helenium*-Hybriden) und Purpur-Sonnenhut *(Echinacea purpurea)*.

In der Mittelmeerregion gedeihen teilweise auch Pflanzen, die bei uns winterhart sind, wie Lavendel *(Lavandula angustifolia)* oder Rosmarin *(Salvia rosmarinus)*. Auch nicht zu unterschätzen ist die heimische Pflanzenwelt.

Ein spannender Standort sind Trockenwiesen mit Pflanzen wie Wiesen-Salbei *(Salvia pratensis)* und Acker-Witwenblume *(Knautia arvensis)*.

Do!

Vollsonnige Orte im Garten können gerade im Sommer extrem heiß und trocken werden. Ist der Boden zudem noch sandig oder kiesig, kann er kaum Wasser speichern. Solche Standorte wirken auf den ersten Blick für ein Blumenbeet völlig ungeeignet. Doch es gibt eine ganze Reihe von Pflanzen, die sich auf diese extremen Standorte spezialisiert haben, und die ich in diesem Buch vorstelle!

Boden – was heißt das für meine Pflanze?

Ob trockenheitsverträgliche Stauden in deinem Garten gedeihen, hängt neben dem Faktor geringer Niederschläge von der Bodenbeschaffenheit ab. Wenn du herausfinden möchtest, welche Bodenart du hast, dann gehe in deinen Garten, grabe ein Loch und fasse die Erde an. Dank der Handprobe kannst du feststellen, ob du einen Sand-, Schluff- oder Tonboden hast. Bei der Handprobe feuchtest du einen etwa 5 cm dicken Klumpen Gartenerde an.

Do!

- Ermittle mithilfe eines Test-Kits den pH-Wert des Bodens.
- Die meisten Gartenpflanzen bevorzugen Werte zwischen 6,5 und 7.
- Es gibt wenige Ausnahmen, wie Rhododendren und Hortensien. Sie mögen eher saure Böden mit einem pH-Wert zwischen 4,5 und 5.
- Der pH-Wert des Bodens beeinflusst die Verfügbarkeit von Nährstoffen.
- Als Faustregel gilt: Je saurer der Boden, desto weniger Nährstoffe stehen der Pflanze über die Wurzel zur Verfügung.

Welchen Boden habe ich?

Lässt der Klumpen sich zu einem Ball formen, ist der Boden sandig.

→ **Sandböden** sind leicht und durchlässig. So kommt es, dass sich Böden mit einem hohen Sandanteil rasch erwärmen und das Wasser nicht lange halten können. Außerdem enthalten sie kaum Nährstoffe. Dafür lassen sich solche Böden mit Abstand am besten

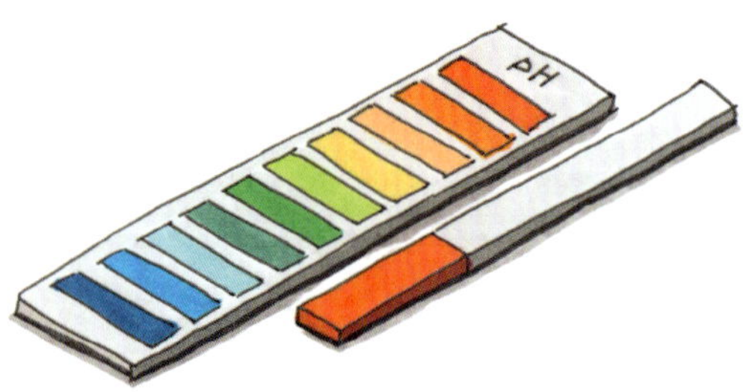

Mithilfe einer einfachen Bodenanalyse findest du heraus, wie die Bodenbeschaffenheit deines Gartens ist.

umgraben und bearbeiten. Auf solchen Böden gedeihen Trockenkünstler besonders gut. Falls der Boden nicht sandig ist, dann rolle den Klumpen Erde zu einer Wurst und verbinde die Enden zu einem Ring. Reißt die Wurst ein, enthält sie mehr Schluff.

→ **Schluff** ist ein wichtiger Bestandteil von Lehm. Er gilt als ideales Pflanzensubstrat. Auch lässt sich Schluff gut umgraben. Diese Böden sind durchlässig, speichern Wasser und sind obendrein von Natur aus nährstoffreich. Darin gedeihen die meisten Pflanzen. Dieser Boden ist nicht von Natur aus gut durchlässig. Um ein Beet mit Trockenkünstlern anzulegen, empfiehlt es sich, eine Drainageschicht einzubauen (siehe Seite 12).
Bei einem hohen Tonanteil bleibt die Wurst eher glatt. Nach der Zugabe von ein paar Tropfen Wasser ist die Erde plastisch verformbar.

→ **Tonböden** fühlen sich meist feucht an. Somit ist der Boden schwer und neigt zu Staunässe. Im feuchten Zustand ist er anstrengend zum Umgraben, da er klebrig und schwer ist. Im Sommer trocknet er aus und kann eine harte Masse bilden, die sich kaum bearbeiten lässt. Dafür ist ein Tonboden sehr nährstoffreich. Bei sehr feuchten Böden ist es aber schwierig, geeignete Bedingungen für Trockenkünstler zu schaffen. Wenn die Drainage des Bodens zu aufwendig wird, sollte die Fläche besser mit feuchtigkeitsliebenden Stauden bepflanzt werden!

Als Gartengestalterin orientiere ich mich bei der Pflanzenauswahl an den Feuchtezahlen. In den meisten Fällen liegen sie zwischen 1 bis 3. Der trockene Sandboden besitzt die Feuchtezahl 1, der schluffige Boden hat eine 2 und der nasse Tonboden eine 3.

Drainage

bei zu viel Feuchtigkeit

Rasen entfernen

Boden lockern

Abschließend mulchen

Das brauchst du:

1 Die Bodenvorbereitung geschieht meist mit Sand, Splitt oder Kies, zu guter Letzt kommt eine mineralische Mulchschicht darüber.

2 In der Gärtnerei verwenden wir meistens Quarzsand (0–1 mm) zum Abmagern und Lava (2–11 mm) zum Mulchen. Alternativ kann man auch zum Abmagern Betonkies (0–16 mm) oder Splitt (4–8 mm) verwenden. Splitt ist ebenso eine Mulch-Alternative.

So wird's gemacht:

Der optimale Boden für hitzetolerante Pflanzen ist durchlässig, karg und nährstoffarm. Ist die Bodenbeschaffenheit von Natur aus ideal, dann kann – inspiriert von der No-Dig-Methode – (Gärtnern ohne Umgraben) auf Bodenverbesserung und Graben verzichtet werden. Bei Stauden würde ich auf die typische No-Dig-Pappe verzichten und dafür lieber Rasen oder Unkräuter entfernen. Danach kann die Fläche mit einer Grabgabel leicht gelockert und bepflanzt werden. Die Mulchschicht bildet den Abschluss.

Bei einem **staunassen Boden** wäre ein Bodenaustausch nötig, um auf dieser Fläche trockenheitsliebende Stauden anzulegen. Aus ökologischer Sicht empfiehlt es sich, lieber passende Stauden zu verwenden.

Gerade bei **lehmigem Boden** kann eine Bodenverbesserung mit Sand, Splitt oder Kies durchgeführt werden. Falls vorhanden, sollte die Grasnarbe entfernt werden. Einer der wichtigsten Punkte ist es, dass der zu bepflanzende Boden frei von Wurzelunkräutern sein muss. Für prärieartige Flächen würde ich den Boden etwa 20 cm tief lockern. Danach kommt das Abmagern des Bodens mithilfe von mineralischem Material. Zum Beispiel könnte man eine Zugabe von Kies mit ca. 8 Schaufeln pro m^2 ($0{,}02\,m^3/m^2$) machen. Dies führt zu einer besseren Struktur und Luftführung im Boden. Den Abschluss bildet eine 7 cm dicke Mulchschicht.

Strategien von Pflanzen

Damit Pflanzen an heißen und trockenen Standorten wachsen können, haben sie verschiedene Strategien entwickelt. Solche angepassten Gewächse haben besondere Merkmale ausgebildet. Anhand dieser kannst du beim Einkaufen erkennen, welche Pflanzen sich für die Trockenheit gut eignen. Äußere Merkmale von trockenheitstoleranten Pflanzen sind:

Blätter mit Hitzeschutz

Silberne oder graue Blätter sind ein typisches Merkmal vieler Pflanzen, die aus dem Mittelmeerraum oder aus Steppen stammen. Helles Laub reflektiert das Sonnenlicht, sodass sich die Pflanzen weniger stark aufheizen. Typische Vertreter dieses Merkmals sind: Blauschwingel *(Festuca glauca)*, Blauraute *(Perovskia persica)* und Woll-Ziest *(Stachys byzantina)*.

Kleine Blätter sind eine weitere Pflanzenstrategie gegen Verdunstung. Solche Blätter besitzen Heiligenkraut *(Santolina)*, Lavendel *(Lavandula)* und Patagonisches Eisenkraut *(Verbena bonariensis)*.

Feine Härchen auf den Blättern beugen Austrocknung vor, da sich dort eine höhere Luftfeuchtigkeit hält. Beispiele dafür sind Ehrenpreis *(Veronica spicata)*, Seidige Königskerze *(Verbascum bombyciferum)* und Silber-Salbei *(Salvia argentea)*.

Dickfleischige Blätter bieten Pflanzen die Möglichkeit, Wasser zu speichern, um ihr Überleben in Trockenheit zu sichern. Sukkulenten wie Wolfsmilch *(Euphorbia myrsinites)*, Fetthenne *(Sedum spectabile)* und Palmlilie *(Yucca filamentosa)* gehören dieser Gruppe an.

Intelligente Wurzelsysteme

Zwiebel-, Rhizom- und knollenbildende Pflanzen speichern Energie und Wasser in starken Verdickungen, gut geschützt unter der Erdoberfläche. Diese Pflanzen beenden ihren jährlichen Zyklus im Frühjahr, um die sommerliche Trockenheit zu überstehen. Himalaja-Steppenkerze *(Eremurus himalaicus)*, Zierlauch *(Allium aflatunense)* und Schwertlilie *(Iris barbata)* sind Beispiele dafür.

Weitreichende Wurzeln können tiefe Bodenschichten anzapfen. Gerade bei den aus Nordamerika stammenden Präriestauden handelt es sich oft um sogenannte Tiefwurzler. Das bedeutet, dass ihre Wurzeln tief ins Erdreich ragen. Das hilft bei der Wasserversorgung. Purpur-Sonnenhut *(Echinacea purpurea)*, Prachtscharte *(Liatris spicata)* und Raublatt-Aster *(Aster novae-angliae)* sind solche Präriestauden.

Parfum

Aromatische Pflanzen schützen sich durch Duft. Sie setzen an heißen Tagen ätherische Öle frei und kühlen somit ihre Blattoberfläche. Lavendel *(Lavandula angustifolia)*, Steppen-Salbei *(Salvia nemorosa)* und Katzenminze (*Nepeta × faassenii*) sind Vertreter dieses Merkmals.

< Die Königskerze besitzt als Hitzeschutz feine Härchen auf den Blättern.

∨ Die dickfleischigen Blätter der Wolfsmilch sichern ihr Überleben bei Hitze.

Dank der kleinen Blätter übersteht das Eisenkraut heiße Sommer unversehrt.

Planung

Clever gestalten

Beetgestaltung in 5 Schritten

Eine der wichtigsten Voraussetzungen, um mit der Beetplanung zu beginnen, ist die Lust, diese spannende Reise der Beetkreation zu starten und Schritt für Schritt selbst zur Gestalterin zu werden.
Als studierte Landschaftsarchitektin und Pflanzplanerin steht für mich die Gestaltung im Vordergrund. Dass die Bepflanzung funktioniert, ist für mich natürlich selbstverständlich. Doch ein Blumenbeet schön anzulegen, ist die Königsdisziplin. Folgende 5 Schritte beachte ich in Kundenprojekten, wenn ich Beete plane:

Mein Tipp

Erstelle einen Blütezeit-Kalender. Darin vermerkst du, in welchem Monat deine Pflanzen im Beet blühen. So erhältst du einen Überblick, wie dein Beet im Jahresverlauf aussieht. Dieser Kalender kann unterschiedlich mit Balken oder Bildern erstellt werden.

1. Schritt: Den Bedarf analysieren

Um herauszufinden, was dir gefällt, arbeite mit einem Fragebogen. Denn er ist ein gängiges Werkzeug in der Gartengestaltung, um deine Wünsche und Vorstellungen zu ermitteln.
Den Bedarf analysierst du am besten mit folgenden Fragen: Welcher Beetstil gefällt dir? Welche Farben magst du? Welche Farbkombination bevorzugst du? Welche Blütenform möchtest du im Beet haben? Welches Muster wünschst du dir? Welche Lichtverhältnisse hat dein zukünftiges Beet? Wie ist die Bodenbeschaffenheit deines Gartens?

2. Schritt: Blütenfarben und -formen entdecken

Eines der wirkungsvollsten Stilmittel in der Gestaltung sind Farben. Insbesondere Blüten bringen Farbtupfer ins Blumenbeet. Ich arbeite gerne mit einer harmonischen Bepflanzung. Das heißt, dass die Blütenfarben nebeneinander im Farbkreis liegen. Wie zum Beispiel Rosa, Violett und Blau. Für mehr Pep im Beet verwende ich Farben, die sich im Farbkreis gegenüberliegen. Diese Farben ergeben einen Komplementärkontrast. Diesen Kontrast ergeben zum Beispiel die Farben Blau, Violett und Gelb. Gerne kombiniere ich auch unterschiedliche Blütenformen, dadurch erhält das Beet zusätzliche Spannung. In meinen Beeten treffen folgende Blütenformen aufeinander: Kugeln, Kerzen, Scheiben, Kelche und Dolden.

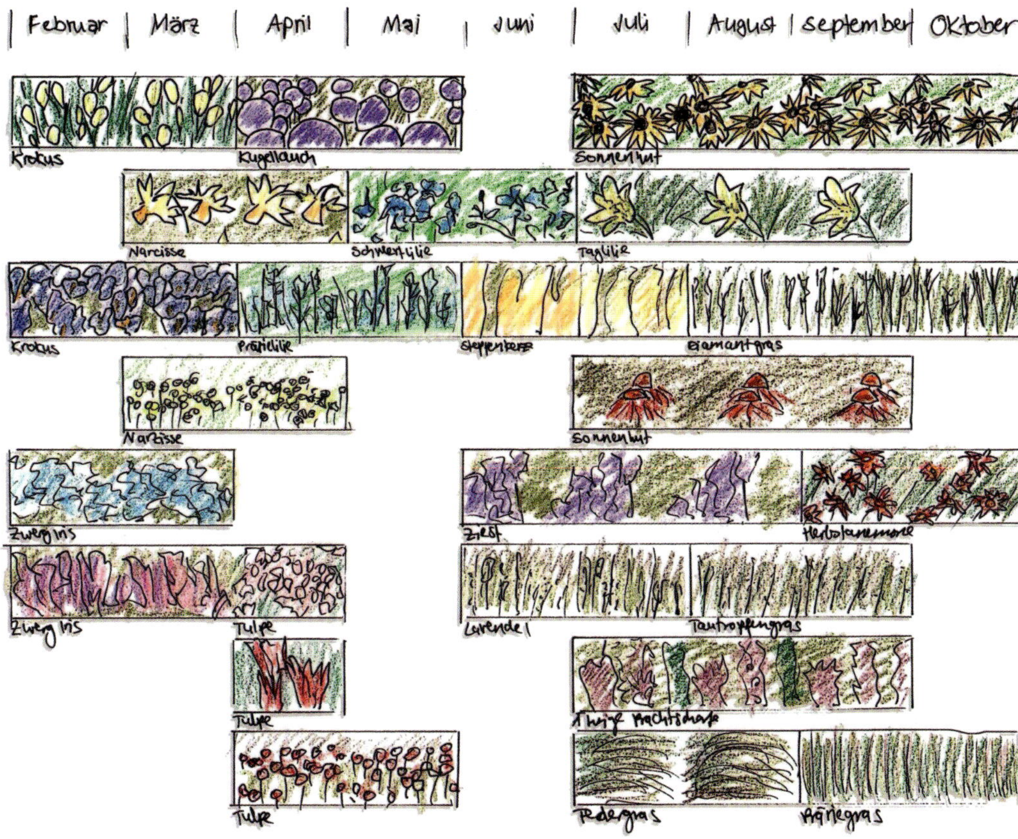

Mithilfe eines Blütenkalenders können Blütenfarben und -formen analysiert und dargestellt werden.

Checkliste: Schritt für Schritt zum Blumenbeet

1. Bedarf analysieren
2. Blütenfarben und -formen entdecken
3. Bepflanzungsmuster bestimmen
4. Jahreszeiten beachten
5. Moodboard erstellen
6. Standort bestimmen
7. Konzept aufstellen
8. Pflanzen auswählen
9. Plan zeichnen
10. Einkaufsliste erstellen

< Driftbepflanzung mit Tulpen

∨ Die Stauden bilden eine Blockformation.

Dieses Kiesbeet wurde in Gruppen bepflanzt.

3. Pflanzmuster bestimmen

Damit eine Bepflanzung auf dich wirkt, kann mithilfe des Pflanzmusters gestaltet werden. Dank Rhythmus und Wiederholung schaffst du es, Traumbeete zu kreieren. Dabei lohnt es sich, von den jeweiligen Pflanzen mehrere auf einmal zu verwenden.

⟶ Muster Gruppenpflanzung: Hier werden die Stauden nicht einzeln gepflanzt, sondern in Gruppen von drei bis neun Stück. Je nach Größe der Beete können Wiederholungen entstehen, sind aber nicht zwingend. Die klassischen englischen „Borders" (langgezogene Beete) besitzen gruppierte Pflanzungen als Grundlage.

⟶ Muster Drifts: Hier handelt es sich um eine Sonderform der Gruppenpflanzung. Dabei werden die Pflanzengruppen in Streifen angelegt.

⟶ Muster Blockpflanzung: sehr pflegearm! Es handelt sich um eine Monopflanzung, das heißt, das Beet wird in möglichst große Flächen aufgeteilt und diese werden dann mit nur einer Pflanzenart gefüllt.

⟶ Muster Mischpflanzung: ist eine aufgelöste Gruppenpflanzung. Das Muster wirkt natürlich wie eine Blumenwiese. Diese Art der Bepflanzung ist schnell angelegt und benötigt nur eine Pflanzenliste und keinen detaillierten Pflanzplan.

4. Schritt: Jahreszeiten beachten

Den größten Fehler den du - meiner Meinung nach - machen kannst: du gehst im Frühling ins Gartencenter und kaufst wunderbar blühende Pflanzen. Beete sollten aber zu jeder Jahreszeit schön aussehen, nicht nur im Frühling! Informiere dich daher vor/beim Kauf.

Beantworte für jede Pflanze folgende Fragen: Wann treibt die Pflanze aus, wann und wie lange blüht sie, hat sie außerdem tollen Fruchtschmuck oder schönes Laub?

Gerade Beete mit trockenheitsliebenden Pflanzen sehen im Sommer meistens top aus. Falls du spät austreibende Stauden ausgewählt hast, wie die Amerikaner, dann kombiniere sie mit Zwiebelpflanzen. So erhältst du ein Beet, welches auch im Frühling hinreißend aussieht. Schneide die Beete erst im darauffolgenden Frühjahr zurück, so sehen sie ebenfalls im Winter attraktiv aus.

5. Moodboard erstellen

Moodboard bedeutet wortwörtlich übersetzt Stimmungstafel. Diese Tafel dient als Stimmungsträger für die Beetidee. Zunächst sammelst du Bilder aus Gartenmagazinen, dem Internet (z. B. Pinterest, Instagram). Alternativ kannst du auch Scans aus Büchern oder von Fotografien erstellen. Danach selektierst du die Bilder, indem du nur die nimmst, die dir wirklich gefallen und die deine Beetidee widerspiegeln. Nun ordnest du die Bilder so an, dass ein attraktives Moodboard entsteht.
So ein Moodboard kannst du analog mit Pappe oder digital mithilfe eines Worddokuments, Powerpoint o. Ä. erstellen. Es ist eine einfache Methode, um dein Traumbeet zu visualisieren. Um einen konkreten Eindruck von deinem Beet zu erhalten, sammle auch Bilder von den zu verwendenden Pflanzen. Denn die Fotos und Bilder sollen dir helfen, deine eigenen persönlichen Vorlieben herauszukristallisieren. Nach und nach entwickelt sich dein eigener Stil.

---

001 **Fragebogen und Moodboard**
Diese Tools unterstützen dich bei deiner Beetplanung.

Gartenstile

für hitzeverträgliche Beete

→ Finde heraus, welcher der sechs nachfolgenden Stile dir für dein trockenresistentes Blumenbeet am besten gefällt.

Kiesgarten

Dieser Gartenstil lebt vom Kontrast der Steine und Pflanzen. Es handelt sich NICHT um pflegeleichte Schottergärten, sondern um artenreiche Beete auf extrem magerem Standort. Der berühmteste Kiesgarten ist der von Beth Chatto. Darin gedeihen Pflanzen wie Blauraute, Federgras und Palmlilie.

Mediterran

Dieses Beet braucht vor allem Sonne und Wärme. Wer gerne ein Hauch von Mittelmeer haben möchte, sollte bei der Pflanzenwahl darauf achten, dass sie winterhart sind. Die Blätter sind oft silbrig oder ledrig-grün. Fackellilie, Lavendel und Zypresse werden gerne verwendet.

Präriegarten

Dieser Stil ist ein Zusammenspiel von Stauden und Gräsern. Als Faustregel gilt mindestens ein Drittel Gräser im Beet zu vereinbaren. Als Inspirationsquellen dienen die weiten Graslandschaften Nordamerikas. Präriestauden blühen meist im Sommer, beliebte Pflanzen sind Prachtscharten, Purpur-Sonnenhut und Rutenhirse.

Kräutergarten

Fast alle unsere Kräuter mit würzigen Aromen kommen aus dem Süden. Sie benötigen sonnige und trockene Standorte. Ihre Blüten sind wahre Insektenmagnete. Kräuter wie Thymian, Salbei und Rosmarin werten jedes Gericht auf, sind meist mehrjährig und sehen auch noch gut aus.

Steppe

Die Pflanzen der Steppe vertragen sogar noch mehr Trockenheit als die der Prärie. Auch die Steppenstauden werden mit Gräsern kombiniert. Sie blühen meist vom Frühling bis in den Frühsommer hinein. Typische Vertreter sind Silberährengras, Steppen-Wolfsmilch und Weiße Prachtkerze.

Naturgarten

Auch eine Vielzahl von mitteleuropäischen Pflanzen vertragen Trockenheit und volle Sonne. Ihre Naturstandorte sind Magerwiesen oder auch schottrige Gebirgshänge. Solche Beete sind ökologisch wertvoll und bilden die Nahrungsquelle für Bienen und Schmetterlinge. Akelei, Glockenblume und Wiesen-Salbei sind gern gesehen.

Blumenbeete gestalten mit trockenresistenten Pflanzen

Nach der gestalterischen Planung kommt die planerische Umsetzung der Bepflanzung. Auch diese unterteile ich in 5 Schritte. Dabei wird der Standort analysiert, die Pflanze mithilfe eines Konzeptes ausgewählt und mithilfe eines Planes eingekauft. Diese Schritt-für-Schritt-Anleitung unterstützt dich dabei, eine Pflanzung zu gestalten, die nicht nur schön ist, sondern auch funktioniert. Dank einer Einkaufsliste hast du die Möglichkeit, dein Blumenbeet-Budget auszurechnen und erlebst an der Kasse des Gartencenters kein blaues Wunder.

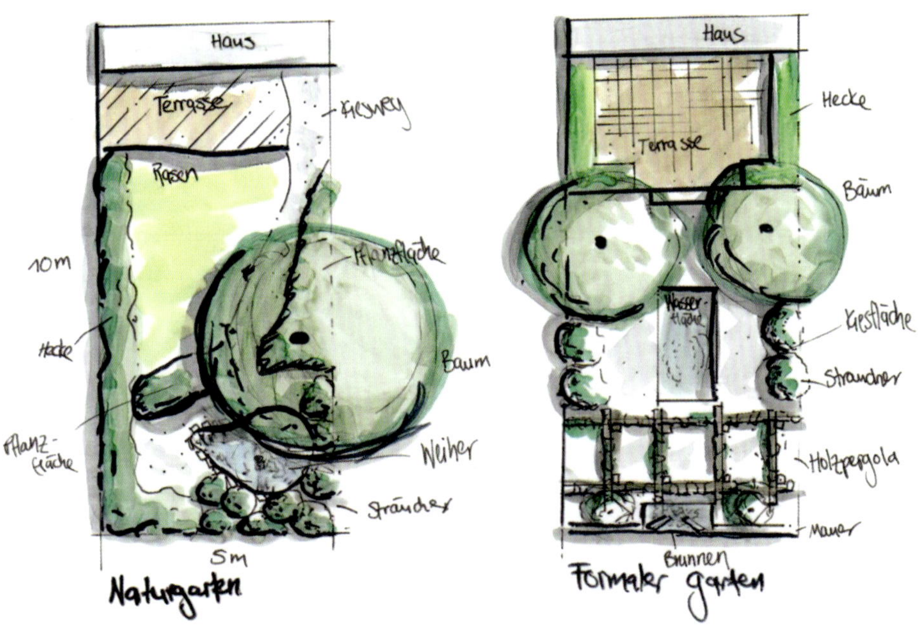

Auch Gärten mit trockenheitsverträglichen Pflanzen benötigen ein Konzept.

1. Standort bestimmen

Der Standort eines Beetes definiert sich durch die Bodenart und wie der Boden von der Sonne beschienen wird. Es gibt verschiedene Bodenarten. Welche Art von Boden du im Garten hast, ist auf Seite 10 beschrieben. Trockenresistente Pflanzen mögen keine Staunässe und einen sonnigen Standort. Was das genau bedeutet, erkläre ich dir auf Seite 8. In diesem Schritt ist es wichtig, dass du in die Umsetzung kommst und den Standort analysiert hast.

2. Konzept aufstellen

Das konzeptlose Gärtnern ist einer der größten Fehler im Garten, wenn du darin mehr Gestaltung haben möchtest. Doch das Wort Konzept ist ein ziemlich abstrakter Begriff. Denn ich kann mich noch gut daran erinnern, als unser Professor in den Anfängen meines Landschaftsarchitekturstudiums das Wort „Konzept" in den Mund genommen hat. In meinem Kopf tummelten sich damals Hunderte von Fragezeichen. Heutzutage schwöre ich auf das Thema Konzept. So gestalte ich Beete und Gärten, ja sogar ganze Stadtteile. Ein Konzept ist für mich etwas Ganzheitliches und es hat mit einer Idee, genauer gesagt, mit einer Gestaltungsabsicht, zu tun. Es wird oft anhand einer Skizze dargestellt. Einen Plan zeichnen wir im übernächsten Schritt. Um seine Gestaltungsabsicht zu benennen, gebe ich gerne den Tipp, dem Blumenbeet einen Namen zu geben. Zum Beispiel habe ich ein rosafarbenes Präriebeet „Pink Lady" getauft.

---

002 Bloxbox Gardening
Eine besondere Art der Gartengestaltung.

Do!

- Bodenansprüche und Lichtverhältnisse analysieren
- mithilfe von Pflanzenkatalogen die passende Stückzahl berechnen
- mit Pflanzenliste einkaufen
- Jahresentwicklung der Pflanzen beachten
- robuste Stauden verwenden
- frisch gepflanzte Pflanzen gießen

Don't

- konzeptlos gärtnern
- trockenresistente Pflanzen in tonige Böden setzen
- Blütenfarben und -formen missachten
- angewachsene Pflanzen regelmäßig gießen

3. Pflanzen auswählen

In diesem, für mich sehr spaßigen Schritt, wählen wir die Pflanzen aus. Behalte dabei immer das Konzept und den Standort im Auge. Ich blättere dabei sehr gerne Pflanzenkataloge durch. Alternativ kannst du auch die Webseiten der Staudengärtnereien und Baumschulen durchstöbern. Das tolle an den Katalogen und Webseiten ist, dass Lichtverhältnisse und Bodenansprüche oft beschrieben werden. Falls du die Pflanzen in echt sehen möchtest, dann besuche Gärten oder Gärtnereien.

Wenn du dich überfordert fühlst und du unsicher mit den Pflanzennamen bist, dann lass dir helfen. Lass dich in einer Gärtnerei beraten oder von einer Gartengestalterin unterstützen. Ein weiterer Tipp ist, dass du klein anfängst und einfach mal machst. Denn du wirst auch sicherer mit der Zeit und dein Garten gedeiht mit den Jahren. Nachdem du die Pflanzen ausgewählt hast, ist es wichtig, dass du die Pflanzenanzahl ermittelst. Dies kannst du berechnen oder mithilfe eines Plans herausfinden.

4. Plan zeichnen

Pflanzpläne sind für mich das A und O. Sie sind ein Instrument, mit dem man entwickeln, gestalten, visualisieren, verkaufen und das Risiko minimieren kann. Wenn ich Pläne entwickele, gehe ich wie folgt vor: Als Erstes zeichne ich das Beet maßstäblich auf ein kariertes Papier, die Pflanzen male ich auf ein anderes Papier kreisförmig auf. Die Papierkreis-Pflanzen werden danach ausgeschnitten. So kann ich dann die Papierkreise in meinem Beet anordnen.

Gartenbücher und Pflanzenkataloge helfen bei der Pflanzenauswahl.

Gerade beim Pflanzeneinkauf ist eine Einkaufsliste essenziell.

Do!

Ab Seite 62 findest du von mir entwickelte Musterbeete inklusive Einkaufsliste, die du in deinem Garten anwenden kannst.

Um herauszufinden, wie groß die Papierkreise werden sollen, schaust du am besten in den Pflanzkatalogen nach, wie viel Platz die Pflanze pro Quadratmeter benötigt. Nehmen wir als Beispiel Lavendel. Um eine Fläche von einem Quadratmeter zu bepflanzen, benötigen wir etwa zehn Stück. Jetzt könntest du einen Taschenrechner zur Hand nehmen und den Radius der Pflanze berechnen. Die Fläche des Papierkreises ist $1/10\ m^2$. Dies ergibt in unserem Beispiel $0.1\ m^2$. Die Formel, um die Kreisfläche auszurechnen, ist $A = \pi \cdot r^2$. Somit ist $r = \sqrt{(A/\pi)}$, in unserem Beispiel sind das in etwa 0.178 m bzw. 17.8 cm. Ich zeichne Pflanzpläne bevorzugt im Maßstab 1:50. Dies entspricht einem Radius von 3,56 mm. Somit kannst du wie früher in der Schule mit einem Zirkel einen Kreis aufzeichnen. Mit der mathematisch korrekten Methode arbeiten auch die sogenannten CAD-Programme.

Falls du keine Lust auf Mathe hast oder auch einfach keinen Taschenrechner und keinen Zirkel zur Hand, kannst du ebenso mit der Ungefähr-Methode arbeiten. Zeichne dabei im Maßstab 1:50 ein Quadrat mit einer Grundlänge von 1 m. In das Quadrat zeichnest du einen Kreis, der in unserem Beispiel ungefähr ein Zehntel der Fläche abdeckt.

5. Einkaufsliste erstellen

Ich empfehle jedem, der ein Blumenbeet pflanzen möchte, es so zu planen, dass man am Schluss eine Einkaufsliste hat. Wer nicht plant, hat als Folge meist keine ganzjährig schönen Beete. Oder ein unschönes Sammelsurium an Pflanzen im Beet – als stilvoll werden natürlich wirkende und harmonische Beete wahrgenommen.

Trockene Böden bepflanzen – so geht's

Wann sollte gepflanzt werden?

Ich pflanze am liebsten im Herbst. Die Gründe dafür sind einfach: Zwiebelpflanzen können ab September in den Boden gesteckt werden (kannst du aber auch im Nachhinein setzten), und Pflanzen wurzeln generell im Winter besser ein, da nicht so stark gegossen werden muss.

Vorsicht ist zu dieser Zeit geboten mit frostempfindlichen Pflanzen! Sie können aber auch im Frühling ergänzt werden. Denn ebenso der Frühling und der Frühsommer eignen sich zum Pflanzen. Der Aufwand des Gießens darf dann nicht unterschätzt werden. Denn auch, wenn die Pflanzen trockenheitsverträglich sind, können sie diese Eigenschaft erst dann entfalten, wenn sie angewachsen sind. Bis dahin ist regelmäßiges Gießen auf alle Fälle notwendig.

Auf den vorbereiteten Boden die Pflanzen in ihren Töpfchen aufstellen, damit du besser siehst, wo was eingepflanzt wird.

Wie viele Pflanzen werden benötigt

Das kannst du berechnen oder mithilfe deines Pflanzplanes herausfinden. Nehmen wir an, du möchtest eine 2 m² große Fläche mit folgenden Stauden bepflanzen: Lavendel (10 Stk./m²), Herbst-Anemone (4 Stk./m²) und Sommer-Phlox (4 Stk./m²). Dann würde ich 8 Lavendel, 2 Herbst-Anemonen und 3 Sommer-Phloxe nehmen. Rechnerisch ergibt das Folgendes: $(8 \times 0.1\,m^2) + (2 \times 0.25\,m^2) + (3 \times 0.25\,m^2) = 2.05\,m^2$. Du könntest auch nur 5 Lavendel nehmen und dafür 3 Herbst-Anemonen. Das ist dir als Gestalterin überlassen.

Wie mit dem Pflanzen starten?

Bevor du mit dem Setzen loslegst, solltest du die Pflanzen noch mal kräftig wässern. So erleichterst du ihnen den Start. Da du dein Beet mit einem Plan entworfen hast, nimm eine Fotokopie davon zur Hand. Falls du dich für eine Drift- oder Blockpflanzung entschieden hast, lohnt es sich, ein Raster von 1 × 1 m auf den Gartenboden zu zeichnen. Dies kannst du mit Sägemehl, Sand oder mit einem Markierspray tun. Dann legst du die Pflanzen anhand deines Plans aus.

Den Ballen mit beiden Händen lockern, damit die Pflanze schneller im Boden anwachsen kann.

Die Pflanze nur so tief einsetzen, damit sie mit Bodenhöhe abschließt. Und gut andrücken!

Los geht's!

1. Boden vorbereiten

Bevor die Pflanzen gesetzt werden, muss der Untergrund vorbereitet sein. Arbeite dazu Sand in den Boden ein und entferne das Unkraut. Grabe die oberen 20 cm des Bodens mit einem Spaten um und wässere die Stauden. Verteile die gewässerten Töpfchen gemäß deinem Plan auf das Beet. Danach folgt das Pflanzen in einem Zug.

2. Pflanzen setzen

Stauden können fast das ganze Jahr über gepflanzt werden, da sie fast nur im Töpfchen verkauft werden. Grabe dafür ein Loch aus, das etwas größer ist als der Topfballen der Pflanze. Drücke nun die Finger auf den Ballen, um ihn aus dem Töpfchen zu lösen. Es ist entscheidend, dass du die Wurzel lockerst und nicht nur lose an den Blättern ziehst.

3. Erdballen lockern

Wenn erforderlich, klopfe das restliche Substrat ab und lockere die wachsenden Wurzeln rund um den Ballen mit den Fingern. Es ist nicht schlimm, wenn dabei ein paar Wurzeln abreißen. Je trockener der Boden ist, desto wichtiger ist das Ausschütten der Erde. Setze danach die Pflanze in das Loch. Drücke dabei die Pflanzen mit deinen Händen an und stelle sicher, dass die Oberfläche des Topfballens auf derselben Höhe wie das Terrain liegt.

4. Zwiebeln setzen

Im Herbst ist es möglich, das Beet mit Blumenzwiebeln zu ergänzen. Am effektivsten ist die Verteilung der Zwiebelpflanzen, wenn du eine flache Grube schaufelst und sie dort hineinsetzt. Die Pflanztiefe wird durch die Größe der Zwiebel bestimmt. Faustregel: Die Zwiebel sollte ungefähr doppelt so tief im Boden sitzen wie die Zwiebel selbst. Bei einer fachmännischen Bepflanzung wird eine 5 cm dicke Mulchschicht ausgetragen, um Unkraut zu vermeiden. Zum Abschluss wird kräftig gewässert.

Mulch

Das Mulchen wird in Zukunft mit Sicherheit eine noch wichtigere Rolle spielen, denn Verdunstung findet auf der Erdoberfläche statt. Wird aber die Oberfläche bedeckt, trocknet der Boden langsamer aus und in den unteren Bereichen bleibt eine Restfeuchtigkeit.
Beim Mulchen können sowohl organische Materialien (Rindenmulch, Laub, Kompost, Schilf) als auch mineralische (Lava, Kies, Splitt) verwendet werden.
Unser Gartenbauteam in der Gärtnerei mulcht fast jedes unserer frisch gepflanzten Blumenbeete ausschließlich mit Lava. Denn Lava ist ein mineralisches Material und somit für den Trockengarten besonders geeignet. Lava besitzt eine bräunliche Farbe und erinnert an die natürliche Farbe der Erde. In den ersten Jahren meiner Selbstständigkeit als Gartengestalterin habe ich meist mit Splitt gemulcht. Dieser ist grau und erinnert leider an die typischen Kieswüsten einiger Vorgärten, die unsere Kundschaft nicht mag. Splitt hat aber einen ökologischen Vorteil: Er wird vom Kieswerk vor Ort abgebaut und besitzt somit einen kurzen Transportweg.
Ein weiterer Vorteil von mineralischem Mulch ist seine Langlebigkeit, denn gerade organisches Material zersetzt sich sehr schnell und sollte von Zeit zu Zeit erneuert werden. Um das zu vermeiden, mische ich bei meinen Bepflanzungen meistens ein oder zwei Bodendecker-Stauden mit ein. Die Bodendecker schaffen es nach etwa einem Jahr, die Funktion einer Mulchschicht zu übernehmen und sind äußerst pflegeleicht. Der größte Vorteil von Mulch ist ein geringerer Gießaufwand und die Reduzierung von Unkräutern. Es sind die Hauptgründe, warum überhaupt gemulcht wird. Denn der Pflegeaufwand sollte bei Blumenbeeten minimiert sein.
Mineralischer Mulch eignet sich nicht in schattigen Bereichen, hier sollte organisches Material bevorzugt werden. Vor allem unter Bäumen eignet sich Laub oder Rindenkompost, denn dieses Material widerspiegelt den Vorgang der Natur.

Rindenmulch eignet sich für Stauden mit saurem Boden.

Mein Tipp

Mineralischer Mulch ist vor allem für Trockenbeete geeignet. Dabei kann Kies, Splitt, Lava oder Sand verwendet werden.

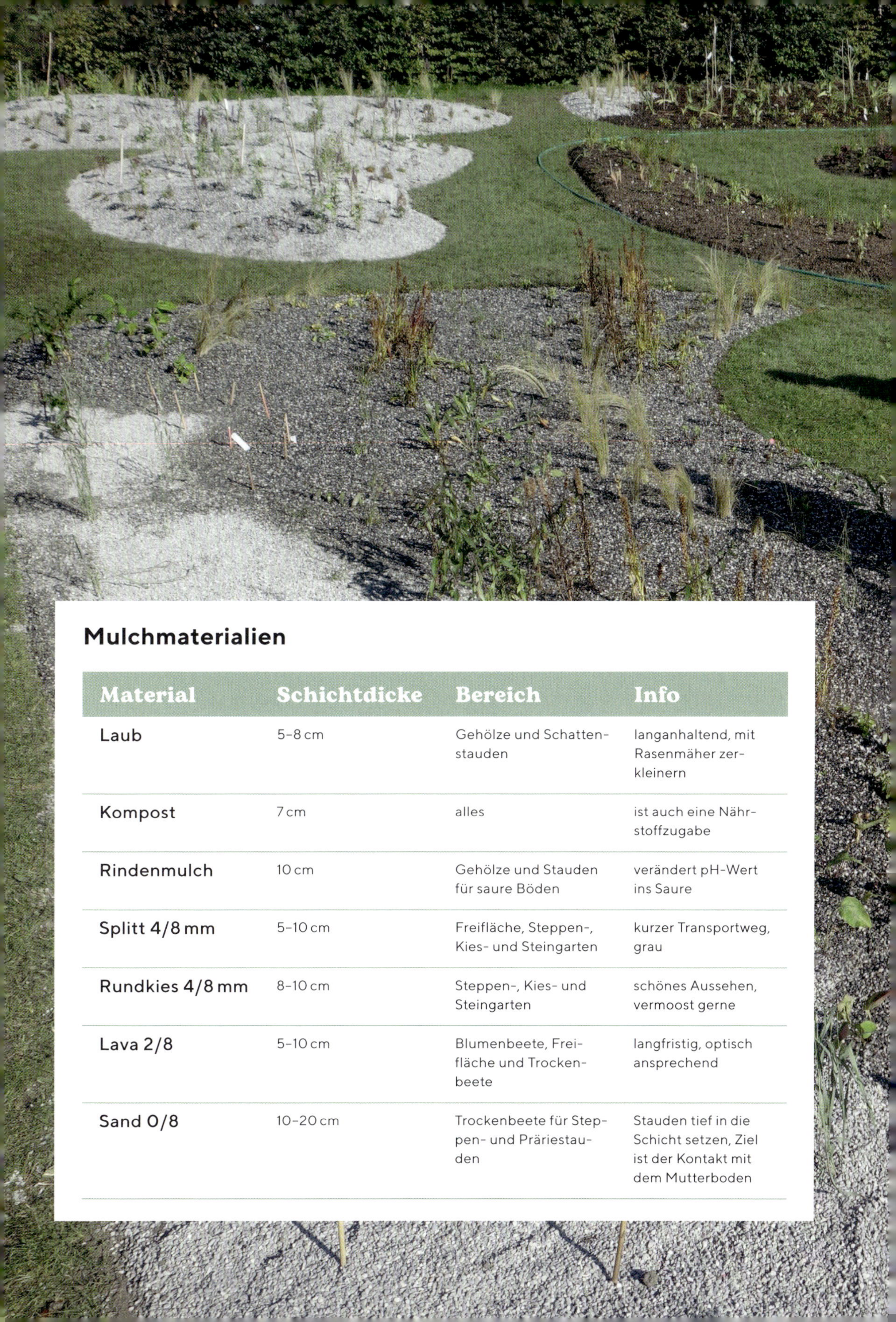

Mulchmaterialien

Material	Schichtdicke	Bereich	Info
Laub	5–8 cm	Gehölze und Schattenstauden	langanhaltend, mit Rasenmäher zerkleinern
Kompost	7 cm	alles	ist auch eine Nährstoffzugabe
Rindenmulch	10 cm	Gehölze und Stauden für saure Böden	verändert pH-Wert ins Saure
Splitt 4/8 mm	5–10 cm	Freifläche, Steppen-, Kies- und Steingarten	kurzer Transportweg, grau
Rundkies 4/8 mm	8–10 cm	Steppen-, Kies- und Steingarten	schönes Aussehen, vermoost gerne
Lava 2/8	5–10 cm	Blumenbeete, Freifläche und Trockenbeete	langfristig, optisch ansprechend
Sand 0/8	10–20 cm	Trockenbeete für Steppen- und Präriestauden	Stauden tief in die Schicht setzen, Ziel ist der Kontakt mit dem Mutterboden

Trockene Schattenbeete

Das Buch fokussiert sich auf die Trockenkünstler in der Sonne. Da aber der trockene Schat ten ein herausfordernder Standort ist, müssen die Trockenkünstler dort ebenso erwähnt werden.

Warum Problemzone?

Die Problematik des Standorts besteht darin, dass die Pflanzenauswahl dafür ziemlich beschränkt ist. Nur eine Handvoll Pflanzen können auf die Kombination der beiden Lebenselixiere Wasser und Sonne verzichten und benötigen davon nur kleine Mengen. Gerade unter Bäumen schirmt das Blätterdach den Regen ab. Außerdem ziehen Bäume mit ihren großen Wurzeln für die Eigenversorgung das Wasser aus dem Boden.

Den trockenen Schatten zu bepflanzen, ist herausfordernd.

Es ist wichtig, die Lichteinstrahlung unter den Bäumen gut zu beobachten. Denn bei Bäumen kommt es oft vor, dass nur während der Mittagssonne der Stammbereich im Schatten steht. Morgens und nachmittags steht die Sonne tiefer am Horizont und schafft es, aus den geglaubten schattigen Bereichen einen halbschattigen Standort zu machen.
Zudem ist zu unterscheiden, ob es sich um einen immergrünen Nadelbaum oder um einen Baum handelt, der jährlich in den Herbstmonaten seine Blätter verliert.

Lösung

An diesem Standort darf gerne mit Laub oder Laubhumus gemulcht werden. Dank einer Bodenverbesserung können danach Pflanzen funktionieren, die zwar Schatten gut vertragen, aber eher normalen Gartenboden bevorzugen. So erweitert man die Pflanzenauswahl für diesen Bereich.
Ebenso ist unter Bäumen mit schattigen Bereichen am Vormittag und halbschattigen Bereichen am Nachmittag ein breiteres Pflanzensortiment verfügbar.

Pflanzenwahl

Wer im Frühling einen Waldspaziergang macht, entdeckt oft wunderschön blühende Zwiebelpflanzen. Sie werden im Fachjargon Geophyten genannt. Sie haben sich an den Wurzeldruck und den sommerlichen Lichtmangel von Laubbäumen angepasst. Dabei nutzen sie den feuchten Frühling mit laublosen Gehölzen aus,

Blausternchen sind typische Frühjahrsblüher.

Die Akelei verträgt trockene Böden im Halbschatten.

um schnell aus der Erde zu kriechen und zu blühen. Spätestens im Frühsommer ziehen sie sich wieder zurück. Die ersten Geophyten, die ihre Köpfchen aus dem Boden strecken, sind Schneeglöckchen *(Galanthus nivalis)*, Blausternchen *(Scilla siberica)* und Frühlings-Alpenveilchen *(Cyclamen coum)*. Danach folgen Busch-Windröschen *(Anemone nemorosa)* und Lerchensporn *(Corydalis solida)*. Falls du Standorte in deinem Garten hast, an denen sich Pflanzen wegen „zu trocken und zu schattig" nicht ansiedeln lassen, dann würde ich es mal mit nachfolgenden Stauden versuchen: Bergwald-Storchschnabel *(Geranium nodosum)*, Teppich-Johanniskraut *(Hypericum calycinum)*, Goldnessel (*Lamiastrum galeobdolon* 'Silberteppich'), Schnee-Marbel *(Luzula nivea)* und Teppich-Golderdbeere *(Waldsteinia ternata)*.

Der Klimawandel bewirkt eine verstärkte Sonneneinstrahlung. Deshalb ist es nun möglich, auch im Schatten mit Halbschattenstauden zu arbeiten, aber die Trockenheit nimmt weiter zu. Hier meine liebsten Stauden für den trocknen Halbschatten: Herbst-Anemone *(Anemone tomentosa)*, Gewöhnliche Akelei *(Aquilegia vulgaris)*, Sommer-Wald-Aster *(Aster divaricatus)*, Bergenie (*Bergenia*-Hybride), Rostfarbiger Fingerhut *(Digitalis ferruginea)*, Gelber Sonnenhut *(Echinacea paradoxa)*, Balkan-Storchschnabel *(Geranium macrorrhizum)*, Wiesen-Schlüsselblume *(Primula veris)* und Großes Immergrün *(Vinca major)*. Und noch einige Gräser und Farne für diesen Standort: Berg-Reitgras *(Calamagrostis varia)*, Weicher Schildfarn *(Polystichum setiferum)*, Herbst-Kopfgras *(Sesleria autumnalis)* und Hainsimse (*Luzula pilosa* 'Igel').

Blumenrasen statt englischer Irrsinn

Viele Besitzer von Gärten wünschen sich einen kräftig grünen, englisch angehauchten Rasen. Diese Art von Zierrasen braucht jedoch viel Pflege. Denn es ist wichtig, dass dieser Rasen regelmäßig gemäht, gedüngt und vertikutiert wird. Aufgrund der Tatsache, dass es bei uns weniger häufig regnet als auf der Insel, ist ein solcher Rasen vor allem in Trockenphasen zu wässern. Ein englischer Rasen besteht aus nur wenigen Gräserarten, die im Sommer durstig sind. Seit etwa fünf Jahren plane ich als Landschaftsarchitektin keine normalen Rasenflächen mehr, da sich diese durch die Hitze im Sommer braun färben. Denn es gibt Alternativen.

Blumenwiese – heimische Insektennahrung

Rasen-Alternativen auf einen Blick

Blumen- bzw. Kräuterrasen

Ein Blumenrasen ist eine der unkompliziertesten Möglichkeiten, um den Sommer umweltfreundlicher und grüner zu gestalten. Er ist einfacher zu pflegen als ein englischer Rasen. Die Vielfalt und Farbenpracht des Blumenrasens begeistern. Er ist eine Kombination aus Gräsern und Blüten. Dabei wachsen die Gräser weniger aggressiv, was es den Blumen und Kräutern ermöglicht, sich zu entfalten. Seine Widerstandsfähigkeit gegenüber Trockenheit steigt, da er sich nach Dürren rasch erholt. Am besten gedeiht er auf ziemlich mageren Böden.

Blumenwiese

Der Wunsch, anstelle von Rasen eine Wiese zu haben, nimmt stetig zu. Sie ist vielfältig und versorgt heimische Insektenarten mit Nahrung. Außerdem ist die bunte und artenreiche Wiese zudem ausgesprochen tolerant gegenüber Trockenperioden.

Nordamerikanische Wiese

Die Prärie ist eine nordamerikanische Graslandschaft bzw. Wiese. Im Garten des berühm-

Nordamerikanische Wiese mit geringem Pflegeaufwand

ten englischen Landschaftsarchitekten Tom Stuart-Smith habe ich eine Prärie entdeckt. Sie wurde im Frühjahr 2011 gesät und enthält über 40 Arten. Der Pflegeaufwand ist deutlich geringer als bei bepflanzten Blumenbeeten.

Ein Blumenrasen für den Garten

Bei Blumenrasen handelt es sich um niedrigere Blumenwiesen, die einfach zu pflegen, trittfest und vielfältig sind. Sie benötigen weder Kunstdünger noch Herbizide. Blumenrasen gedeiht an sonnigen, trockenen bis feuchten und leicht schattigen Orten. Die blühenden Rasenflächen sind für Bienen, Schmetterlinge und Vögel eine wichtige Nahrungsquelle. Aufwändige Pflege und Wasser sind für ihn nicht nötig. Blümchen wie Brunelle, Ehrenpreis, Fadenklee, Gänseblümchen, kriechendes Fingerkraut und Wegerich sind mit ihren Blüten und Blättern eine Bereicherung im Garten.

Fakten-Checkliste: Blumenrasen

- Blumenrasen können betreten werden.
- ideal für heiße und trockene Sommer
- für die Umwandlung qualitativ hochwertiges Saatgut verwenden
- Boden grundsätzlich nicht gießen oder düngen
- im 1. Jahr nicht jäten, sondern Säuberungsschnitte anwenden
- ab dem 2. Jahr 4–6 Mal pro Jahr mähen

Diese niedrige Blumenwiese befindet sich vor einer
höheren Wiese.

Mein Tipp

Die niedere Blumenwiese ist im Normalfall nur einmal teuer, und zwar bei der Anschaffung. Dabei sollte auf Qualität und Regionalität geachtet werden.

Die Verwandlung der Rasenfläche

Es gibt verschiedene Wege, wie du deinen Rasen in eine niedrigere Blumenwiese verwandelst. Nachfolgend möchte ich dir die fünf gängigsten vorstellen.

⟶ Am einfachsten und schnellsten kommst du zum Blumenrasen, wenn du den Boden vorbereitest und dann Blumenrollrasen verlegst. Die Bodenvorbereitung beinhaltet die vollständige Entfernung des alten Pflanzenbestandes mithilfe einer Fräse. Danach sollte der Boden 10–15 cm tief gelockert werden. Bei nährstoffreichen Böden muss Sand zum Abmagern hinzugefügt werden. Der Blumenrasen ist schon im ersten Jahr schön und wächst schnell an. Leider ist er auch ganz schön teuer und wird deshalb nur auf kleinen Flächen angewandt.

⟶ Ein wenig günstiger und doch einigermaßen schnell ist das Ausbringen von Saatgut auf einem vorbereiteten Boden. Auf diese Weise hat man im zweiten Jahr bereits eine niedrige Blumenwiese. Bis sie vollständig entwickelt ist, braucht sie jedoch ungefähr vier bis sechs Jahre. Im ersten Jahr ist eine neu angelegte Blumenwiese im Allgemeinen nicht schön anzusehen. Das ist aber normal und ändert sich. Diese beiden vorgestellten Methoden sind insbesondere für Neuanlagen sehr gut geeignet, aber auch kostenintensiver.

⟶ Die von unserem Gartenbau-Team am häufigsten angewandte und kostengünstigere Methode ist die Folgende: Die bereits vorhandene Rasenfläche wird zunächst sehr tief gemäht. Um einen offenen Boden für die Einsaat der Blumenmischung zu schaffen und die Rasengräser zu verringern, ist es dann notwendig, die Fläche mehrmals stark zu vertikutieren. Die Schwächung führt dazu, dass sich die Rasengräser länger erholen müssen und die Blumensämlinge eine bessere Entwicklung durchlaufen. Es ist entscheidend, bei der Auswahl des Saatguts eine Mischung zu wählen, die keine Gräser enthält. Sonst ist der Anteil an Gräsern zu hoch.

⟶ Eine weitere Methode ist, quadratmetergroße Stellen aufzubrechen und Wildblumenmischungen auszusäen. Auch diese Mischung sollte keine Gräser enthalten. Die Wildblumen verbreiten sich im Laufe der Jahre von den neu geschaffenen Inseln in den Rasen.

⟶ Letzte Methode: einfach den Pflegeaufwand vom Rasen minimieren. So stellt sich eine wilde Blumenwiese mit der Zeit von allein ein.

Pflege

Im ersten Jahr keimen auch einjährige Unkrautsamen. Sie sollten nicht gejätet werden, denn dafür gibt es sogenannte Säuberungsschnitte. Sobald das Unkraut zu hoch ist, einfach mit dem Rasenmäher auf oberster Stufe mähen und das Mähgut abtransportieren!
Im ersten Jahr fallen meist mehrere solcher Schnitte an. Der Blumenrasen wird ab dem zweiten Jahr vier- bis sechsmal gemäht. Unbedingt sollte der erste Frühlingsschnitt vor dem 1. Mai stattfinden! Blumenrasen erfordert ein wenig Geduld, denn er blüht erst im zweiten Jahr und wird von Jahr zu Jahr schöner.

Gießen

von Hitzekünstlern

Morgens gießen

Regenwasser sammeln

Nach dem Pflanzen

Auch in einem trockenresistenten Garten sollte das eine oder andere Mal gegossen werden. Doch grundsätzlich benötigt ein solcher Garten nur wenig oder gar kein Wasser. Wer den einen oder anderen Tipp beachtet, spart Ressourcen und entlastet die Umwelt.

Nach dem Pflanzen

Pflanzen mit geringem Wasserbedarf brauchen Zeit, um sich an ihre Umgebung anzupassen. Deshalb ist eine regelmäßige zusätzliche Bewässerung unverzichtbar, bis sich ihre Wurzeln entwickelt haben. Vor allem im ersten Sommer brauchen neu eingesetzte Pflanzen alle ein bis zwei Wochen eine ausgiebige Bewässerung.

Ideale Gießzeit

Gieße, wenn möglich, in den kühleren Morgenstunden. Dann sind Erde und Pflanze immer noch feucht vom Tau und mehr Wasser kann in den Boden eindringen. Aber auch in den Abendstunden darf ausgiebig gegossen werden.

Wasser sparen

- gieße bevorzugt mit Regenwasser
- lockere die Erde regelmäßig, da nur lockere Böden Wasser aufnehmen können
- Bei Gehölzen stellt ein Gießrand sicher, dass das Wasser bis zum Versickern im Wurzelbereich bleibt.
- Mulchen verringert die Verdunstung.
- Die Gießtechnik beeinflusst den Wasserverbrauch.

Don't

Wenn Stauden nach dem Einwachsen noch stark gewässert werden, entwickeln sie zu kurze Wurzeln und werden abhängig. So kommen sie nicht durch Trockenperioden.

Richtig gießen

Du solltest beim Gießen darauf achten, dass der Wasserstrahl sich auf die Pflanzenwurzeln richtet und nicht auf das Laub. Bevorzuge es, weniger häufig und durchdringend zu gießen, anstatt öfter zur Gießkanne mit wenig Inhalt zu greifen. Denn die Faustregel lautet: Viel Wasser, aber selten, ist besser als wenig Wasser und oft.

Pflanzen pflegen & stärken

Nach der Bepflanzung ist das Blumenbeet längst noch nicht fertig entwickelt und gestaltet. Denn trotz sorgfältiger Planung und guter Vorbereitung geht es auch in Sachen trockenresistenter Blumenbeete nicht ganz ohne Pflege, soll das Bild der Bepflanzung erhalten bleiben.

Düngen

Eingewachsene Trockenbeete benötigen fast kein Wasser und in den seltensten Fällen eine Düngung. Mediterrane und Steppenpflanzen sowie Stauden an Magerstandorten sollten gar nicht gedüngt werden. Bei Rosen-, Prärie- und Schattenstauden ist düngen aber selbstverständlich gestattet. Solche Pflanzen können im Frühling mit organischem Dünger wie Kompost oder Hornspänen gestärkt werden.

Jäten

Unkräuter werden aus dem Beet entfernt. Dabei gilt: Je früher, desto weniger Aufwand ist nötig. Blühende Unkräuter sollten schon entfernt werden, bevor sie blühen. Aber spätestens, bevor sie sich versamen. Dank des Mulches wird der Jäteaufwand gering gehalten. Lästige Wurzelunkräuter kommen trotz Mulchschicht ins Beet. Das Unkraut muss unbedingt MIT der Wurzel entfernt werden. Dies erfolgt am besten mit der Hand oder einer Hacke, wenn die Pflanzen noch jung sind. Dabei sollte der Boden gründlich ge-

Mein Tipp

Samenstände sollten während des Winters stehen bleiben, insbesondere bei Stauden, die den Garten im Winter zieren. Aber auch bei Gräsern, denn das trockene Laub schützt vor Kälte und Nässe.

Gräser sollten im Winter stehen gelassen werden.

lockert werden, damit Wurzeln, die tief im Erdreich sitzen, mit entfernt werden. Hilfreich bei größeren Pflanzen ist ein Unkrautstecher. Behalte das Beet im Auge, um wiederholt zu jäten, wenn die Wurzeln wieder aus dem Boden sprießen. Im Laufe der Zeit schwächt man die Unkräuter, damit sie schließlich verschwinden.

Sämlinge pflegen

Pflegen im Blumenbeet bedeutet vor allem auch lenken. Bei Sämlingen von sogenannten Unkräutern ist klar: Sie müssen rausgejätet werden. Doch bei Sämlingen von sogenannten Vagabunden gilt es, sorgfältig abzuwägen, ob diese bleiben dürfen. Vagabunden sind Pflanzen, die sich durch Aussaat beständig erneuern müssen, um dauerhaft zu überleben. Beliebte Herumtreiber-Pflanzen sind: Akelei *(Aquilegia vulgaris)*, Patagonisches Eisenkraut *(Verbena bonariensis)*, Fingerhut *(Digitalis purpurea)*, Glockenblume *(Campanula persicifolia)* und Witwenblume *(Knautia macedonica)*. Bei gewissen Pflanzen ist es gewünscht, dass sie sich im Garten bewegen. So breiten sie sich in Lücken der Bepflanzung aus. Wenn es zu viel wird, werden die vertrockneten Blütenstände vollständig abgeschnitten. Dies natürlich bevor die Samen reifen.

Halbsträucher schneiden

Typische mediterrane Halbsträucher wie Lavendel *(Lavandula angustifolia)*, Heiligenkraut *(Santolina)*, Currykraut *(Helichrysum italicum)* und Echter Salbei *(Salvia officinalis)* werden im Sommer nach der Blüte um ein Drittel eingestutzt und in Form gebracht. Im Frühjahr folgt ein kräftiger Rückschnitt von maximal zwei Dritteln der Pflanze. Schneide dabei nicht ins alte Holz zurück.

Rückschnitt von Stauden

Im Staudenbeet ist meiner Meinung nach die wichtigste Pflegemaßnahme der Rückschnitt. Ich empfehle, die meisten Pflanzen bis spätestens Mitte Februar zurückzuschneiden. Insbesondere, wenn du Frühlingszwiebeln gesetzt hast. Der Grund: Die Staude stirbt zum Überwintern oberirdisch ab. Pflanzen, die jedoch Ende November bereits nicht mehr attraktiv wirken, können dann schon abgeschnitten werden.

Die Sämlinge des Fingerhuts können gejätet werden.

Auch trockenresistente Beete werden gepflegt.

Pflanzen

der Zukunft

Auswahl der Pflanzen

Welche Pflanzen?

Bei der Pflanzenauswahl für ein Blumenbeet fokussiere ich mich vor allem auf Stauden. Diese sind teilweise wahre Dauerblüher und Insektenmagneten. Ich bevorzuge mehrjährige und winterharte Pflanzen bei meinen Musterbeeten. So hast du möglichst lange was von deinem Beet. Gräser verwende ich gerne in Prärie- und Steppenpflanzungen. Um die Blütezeit zu verlängern, benutze ich Zwiebelpflanzen. Krokusse und Zwiebel-Iris blühen teilweise schon im Februar. Diese kannst du im Herbst ins Beet treuen.

Pflanzen für Insekten sind ökologisch wertvoll.

Ein- und Zweijährige kannst du als Lückenfüller direkt ins Blumenbeet säen. Bodendecker können dichte Vegetationsdecken bilden. Sie schützen den Boden vor dem Austrocknen und verdrängen Unkräuter. In größeren Blumenbeeten bringen Gehölze Struktur in die Fläche. Da Gehölze meist höher werden, verwende ich sie gerne als Sichtschutz.

Für die Zukunft pflanzen

Wegen des Klimawandels sind Pflanzen, die es trocken, sonnig und heiß mögen, optimal geeignet. Denn in Zukunft wird man mit traditionellen Gartenpflanzen zunehmend Probleme bekommen. Gerade die beiden Sommer 2022 und 2023 haben gezeigt, wie unsere Gärten vom Klimawandel betroffen sind. Trotz Wässern leiden viele Pflanzen wegen der intensiven Hitze- und Trockenperioden. Die Pflanzen sollten aber nicht nur hitze- und trockenheitsresistent sein, sondern ebenso robust. Denn im Sommer 2024 waren Pflanzen auch starkem Regen ausgesetzt.
Gartenpflanzen und Beetkonzepte sollten zudem ansprechen und optisch überzeugen. Trockenheitsresistente Blumenbeete werden immer wichtiger im Garten, da sie einen Beitrag zur Ökologie leisten und schonend mit der Ressource Wasser umgehen. Das Thema NACHHALTIGKEIT sollte in der Gartenplanung großgeschrieben werden!

Der Krokus ist robust, insektenfreundlich und hitzeverträglich.

Diese Säulen-Eiben strukturieren das Blumenbeet.

In diesem Kapitel teile ich mit dir meine Lieblingspflanzen, die ich gerne in meinem Alltag als pflanzenliebende Landschaftsarchitektin verwende. Da die Schweiz sehr südlich liegt, sind bei uns die Folgen des Klimawandels noch stärker zu spüren, und ich konnte schon gute Erfahrungen mit den Zukunftspflanzen sammeln.
Die Musterbeete widmen sich verschiedenen Themen, die für Gartenbesitzer von Bedeutung sind: Prärie, Steppe, Insekten, Kräuter und Sichtschutz. Dabei habe ich darauf geachtet, dass die Blütenfarben aufeinander abgestimmt sind und das Beet zu jeder Jahreszeit etwas zu bieten hat. Dabei stelle ich dir Pflanzen, die ich gerne verwende, etwas genauer vor. Damit du schon beim Lesen des Buches eine klare Vorstellung von ihnen hast. Zur Inspiration habe ich dir auch noch weitere Lieblingspflanzen und Alternativen aufgelistet.

003

Zukunftspflanzen auf einen Blick
Schnelle Übersicht mit meinen Lieblingspflanzen für deine Blumenbeete.

Checkliste: Pflanze der Zukunft

- O verträgt vollsonnige Standorte
- O mag trockene Böden
- O kommt mit verändernden Bedingungen zurecht
- O passt ins Beetkonzept
- O ist normalerweise mehrjährig und winterhart
- O verträgt auch mal starken Regen
- O ist grundsätzlich robust gegenüber Wind
- O breitet sich nicht unkontrolliert aus
- O fördert Insekten im Garten
- O hält Feuchtigkeit im Winter aus
- O kommt mit langen Trockenphasen im Sommer zurecht
- O sollte grundsätzlich kaum gegossen werden

Insekten-pflanzen

schön & nützlich

Durch die Auswahl passender Pflanzen kannst du Insekten in deinen Garten locken. Auf diese Weise ist es möglich, Schmetterlingen, Bienen oder Hummeln das ganze Jahr über Futter und wertvollen Lebensraum zu bieten.

Durchblühende Beete gestalten

Das Beet zum Durchblühen zu bringen, ist nicht nur für das Auge attraktiv, sondern hilft der Tierwelt. Das Ziel besteht darin, vom zeitigen Frühjahr bis Herbst ein Blühangebot zu schaffen. Gerade Zwiebelpflanzen wie Märzenbecher, Busch-Windröschen, Blausternchen, Winterlinge oder Schneeglöckchen sind für viele früh fliegende Insekten lebensnotwendig.

Heimische Pflanzen verwenden

Insektenfreundliche Blumenbeete enthalten meist auch Pflanzen aus anderen Regionen der Welt, denn diese werden von Insekten ebenso angeflogen. Doch oftmals sind heimische Wildstauden die beste Nahrungsquelle für Wildbienen, denn Flora und Fauna haben sich im Laufe der Evolution aneinander angepasst. Zur Förderung von Wildbienen verwende ich gerne Pflanzen wie Katzenminze, Ziest, Gilbweiderich, Flocken- und Glockenblume.

Blumenbeete im Frühjahr schneiden

Du solltest Blumenbeete nicht schon im Herbst runterschneiden, sondern erst im Frühjahr. Das Laub schützt vor Frostschäden und Stauden bieten Insekten im Winter wertvolle Rückzugsorte.

Wilde Bereiche fördern

Insekten und andere Lebewesen können mit perfekt geschnittenen Rasenflächen und Thujahecken nicht viel anfangen. Sie mögen wildromantische Plätze mit malerischer Wildnis. Elemente wie Wasser, Totholz, Steine oder Wildstauden sind geeignet.

Don't

Wer Bienen & Co. in seinem Garten haben möchte, sollte auf Pestizide und chemische Dünger verzichten, denn sie schaden Insekten und zerstören ihre Lebensräume.

Pflanzen vermehren

Ich empfehle, die Pflanzen für dein Blumenbeet in der Gärtnerei deines Vertrauens zu erwerben. Der Aufwand, die Pflanzen fürs Beet selber zu vermehren, ist, im Vergleich zum Preis, sehr hoch. Gerade für Einsteiger kann die Vermehrung überfordernd sein. Doch wer Freude an der Vermehrung hat oder kein Budget, der kann sich seine Pflanzen fürs Beet auch selber heranziehen.

Vermehrung durch Samen

Dies ist bei einjährigen Blumen wie Garten-Feldrittersporn, Jungfer im Grünen und Kornblume die einzige Möglichkeit der Vermehrung. Die Pflanzen können entweder direkt ins Beet gesät oder vorgezogen werden. Sobald Jungpflanzen daraus wachsen, ziehen sie ins Beet um – vorher einige Tage immer stundenweise zum Abhärten ins Freie stellen. Wärmeliebende Jungpflanzen dürfen erst ab Mitte Mai ins Beet umsiedeln! Wer Samen im Fachhandelt kauft, erfährt auf der Rückseite der Verpackung, wie und wann die Pflanzen ins Beet kommen.

⟶ Es gibt auch Pflanzen, die durch Versamung im Beet bleiben und sich fast von alleine verbreiten. Beispiele sind Akelei, Federgras, Jungfer im Grünen und Königskerze.

Vermehrung durch Pflanzen

Diese Vermehrungsmethode ist eine der unkompliziertesten Möglichkeiten, um innerhalb kurzer Zeit eine große Anzahl von neuen Jungpflanzen zu erhalten. Die Vermehrung erfolgt durch das Abtrennen von Pflanzenteilen. So ist die neue Pflanze eine Nachbildung der alten. Pflanzen wie Anemone, Waldsteinia und Wild-Aster entwickeln sogenannte Ausläufer. Das sind Tochterpflanzen, welche sich waagerecht über dem Boden befinden. Sie verbreiten sich sozusagen von selbst. Du hast die Möglichkeit, diese Pflänzchen samt Wurzeln einfach mit einem Messer von der Mutterpflanze zu trennen und in dein gewünschtes Beet einzupflanzen.

⟶ Verholzende Pflanzen wie Rosmarin und Lavendel können mithilfe von Stecklingen vermehrt werden. Dabei werden im Frühling Triebspitzen von der Mutterpflanze mit einem Messer entfernt und in ein Töpfchen mit frischer Erde gesteckt. Auch durch Teilung größerer Wurzelballen können neue Pflanzen gewonnen werden.

Do!

Zu viele selbst gezogene Pflanzen können verschenkt oder getauscht werden.

< Die Jungfer im Grünen verbreitet sich im Beet durch Selbstaussaat von allein.

∨ Ausläufer der Waldsteinia

Voranzucht im Topf

Stecklinge schneiden

Bodendecker

Bodendecker sind niedrige Stauden oder Halbsträucher. Sie füllen die Lücken zwischen den höher wachsenden Pflanzen und bedecken den Boden, denn sie können eine dichte Vegetationsdecke bilden. Normalerweise wachsen sie flach und erstrecken sich über den Boden, anstatt in die Höhe zu wachsen. Bodendecker dienen dazu, dass du im Garten möglichst wenig Arbeit hast. Weil ein bedeckter Boden dazu führt, dass sich unerwünschte Unkräuter weniger versamen.
Diese Art der Pflanzen fungiert auch als lebender Mulch und lässt Schatten auf den Boden fallen. Sie schützen vor direkter Sonneneinstrahlung und halten den Boden feucht. Die Bodendecker verbrauchen auch weniger Wasser als die Verdunstung des ungeschützten Gartenbodens.

Meine liebsten Bodendecker

Efeu *(Hedera helix)*: Die Pflanze wächst kriechend. Nach etwa 10 Jahren ändern sich seine Blätter und es kommt zur Blütenbildung. Die immergrünen Blätter haben eine herzförmige Gestalt. Als Bodendecker wirkt Efeu stark

Sedum 'Weihenstephaner Gold'

Polstert-Thymian 'Purple Beauty'

unterdrückend gegen Unkraut, da er ein dichtes Blattwerk ausbildet. Der Efeu verträgt Trockenheit gut, denn er ist ziemlich anspruchslos an den Boden und kann sonnig bis schattig stehen.

Gold-Fetthenne (*Sedum floriferum* 'Weihenstephaner Gold'): Der Bodendecker wächst teppichartig und besitzt einen kriechenden Wuchs. Die Pflanze wird 10–15 cm hoch. Sie blüht goldgelb von Juni bis Juli. Die Insektenweide liebt die Sonne. Achte bei der Pflanzung darauf, dass der Standort trocken und durchlässig ist. Die Staude ist pflegeleicht und kann durch Teilen und Stecklinge vermehrt werden.

Weitere Lieblinge

- Blauschwingel *(Festuca glauca)*
- Blut-Storchschnabel *(Geranium sanguineum)*
- Bodendeckerrose (Rosa 'Schneeflocke'®)
- Felsen-Storchschnabel *(Geranium macrorrhizum)*
- Katzenminze (*Nepeta racemosa* 'Superba')
- Lavendel (*Lavandula angustifolia* 'Hidcote')
- Polster-Phlox (*Phlox subulata* 'Emerald Cushion Blue')
- Schneeheide *(Erica carnea)*
- Spindelstrauch (*Euonymus fortunei* 'Emerald'n Gold')
- Teppich-Schleierkraut *(Gypsophila repens)*

Fetthenne (*Sedum hybridum* 'Immergrünchen'): Auch diese Sorte wächst teppichartig und besitzt einen kriechenden Wuchs. Der zierliche Bodendecker wird 10–15 cm hoch. Die hellgelbe Blüte erscheint von Juni bis August. Die Staude stellt keine großen Ansprüche an den Boden und kann trocken stehen. Sie liebt die volle Sonne, verträgt aber auch den Halbschatten. Auf offenem Boden kann sie jederzeit gepflanzt werden.

Storchschnabel (*Geranium × cantabrigiense* 'Cambridge'): Diese Staude bildet eine dichte und teppichförmige Blattdecke. Die wintergrüne Bienenweide blüht violett-rosa von Mai bis Juli und wird 20–30 cm hoch. Sie liebt sonnige Standorte mit trockenem bis frischem Boden. Die Insektenweide ist wintergrün. Der beste Pflanztermin ist das Frühjahr. Zu diesem Zeitpunkt kann die Pflanze auch mit Kompost gestärkt werden.

Teppich-Johanniskraut *(Hypericum calycinum):* Mit seinen starken Ausläufern bedeckt der immergrüne Halbstrauch schnell große Flächen und bildet wunderschöne Teppiche. Seine Wuchshöhe beträgt etwa 30 cm. Die Blüten sind von Juni bis August goldgelb. Er verträgt sonnige bis schattige Standorte sowie trockene bis frische Böden. Der Drang dieser Pflanze zur Ausbreitung ist groß und ermöglicht es ihr, schwächere Nachbarpflanzen rasch zu überwuchern.

Polster-Thymian (*Thymus praecox* 'Purple Beauty'): Dieser Bodendecker ist winterhart, insektenfreundlich und pflegeleicht. Er besticht durch seine purpurroten Blüten. Sie erscheinen im Juli und August. Der Wuchs ist kriechend und die aromatische Polsterstaude bildet dichte Teppiche. Sie wird 5–10 cm hoch. Eine Pflanzung kann das gesamte Jahr über erfolgen. Die Staude sollte im Frühling einen kleinen Rückschnitt erhalten.

Zwiebelblumen

Viele Stauden und Gräser für trockene Standorte treiben erst ziemlich spät aus: ideal für den Einsatz von Zwiebelpflanzen! Als Gartengestalterin liebe ich die Verwendung von Zwiebelpflanzen, denn sie sind meistens die ersten, die nach einem düsteren Winter blühen. Geophyten sind Pflanzen, deren Blüten aus Zwiebeln, Knollen und Rhizomen hervorgehen. Eine großartige Eigenschaft von Geophyten ist, dass einige Arten schon im Februar ihre Blütezeit beginnen. So ist es möglich, die Blütezeiten in der Beetgestaltung in den Frühling hinein zu verlängern. Die Zwiebeln werden im Herbst zwischen September und Dezember in den Boden gesteckt. Dann begeistern sie im kommenden Frühjahr mit ihrer Blütenpracht.

Die Türkenbundlilie blüht von Juni bis Juli.

Die Wilde Tulpe bevorzugt trockene bis frische Böden.

Meine liebsten Zwiebelpflanzen

Garten-Hyazinthe (*Hyacinthus orientalis* 'Blue Star'): Die blaue Zwiebelblume blüht von April bis Mai, sie wächst horstig und wird 15–25 cm hoch. Die Bienenweide mag einen sonnigen bis halbschattigen Standort mit einem trockenen bis frischen Boden.

Gold-Krokus *(Crocus flavus):* Der Knollengeophyt wächst aufrecht und erreicht eine Höhe von 5–12 cm. Die gelbe Blüte erscheint von Februar bis April. Der Krokus benötigt einen sonnigen oder halbschattigen Standort mit trockenem bis frischem Boden.

Gelber Lerchensporn *(Pseudofumaria lutea):* Der teppichbildende Frühjahrsblüher wird 25–35 cm hoch. Er blüht dunkelgelb von Mai bis Oktober. Diese Knollenpflanze ist sehr anpassungsfähig und liebt einen Platz an der Sonne. Sie bevorzugt frische Böden und verträgt auch Trockenheit.

Gold-Lauch (*Allium moly* 'Jeannine'): Die goldgelbe Zwiebelpflanze blüht von Juni bis Juli. Sie wächst aufrecht und wird etwa 35 cm hoch. Die Bienenweide mag (ab)sonnige Plätze mit trockenem bis frischem Boden.

Schneeglanz *(Chionodoxa luciliae):* Die 15 cm große Zwiebelpflanze besitzt violett-weiße Blüten. Diese erscheinen von März bis April. Der Frühjahrsblüher hat keine speziellen Ansprüche an den Boden. Die Pflanze bevorzugt sonnige bis halbschattige Standorte.

Sternblume (*Ipheion uniflorum* 'Jessie'): Die Zwiebelpflanze wächst aufrecht und wird 10–15 cm hoch. Die leuchtend blauen Blüten erscheinen von Mai bis Juni im Beet. Die Blume mag es sonnig und bevorzugt trockene bis frische Böden.

Weitere Lieblinge

- Alpenveilchen-Narzisse (*Narcissus* 'February Gold')
- Engelstränen-Narzisse (*Narcissus* 'Thalia')
- Kugel-Lauch *(Allium sphaerocephalon)*
- Narzissen-Windröschen *(Anemone narcissiflora)*
- Purpur-Kugellauch (*Allium* 'Purple Sensation')
- Steppenkerze (Eremurus Ruiter-Hybride 'Moneymaker')
- Taschkent-Krokus *(Crocus korolkowii)*
- Traubenhyazinthe *(Muscari azureum)*
- Türkenbundlilie *(Lilium martagon)*
- Wilde Tulpe *(Tulipa sylvestris)*
- Zwiebel-Iris *(Iris reticulata)*

Alpenveilchen-Narzisse 'February Gold'

Stauden & Gräser

Weitere Lieblinge

- Balkan-Wolfsmilch (*Euphorbia amygdaloides* ssp. *robbiae*)
- Bergenie (*Bergenia*-Hybride 'Abendglocken')
- Berg-Reitgras *(Calamagrostis varia)*
- Berg-Segge *(Carex montana)*
- Blaues Schillergras *(Koeleria glauca)*
- Braunrote Taglilie *(Hemerocallis fulva)*
- Dunkle Blaunessel (*Agastache Rugosa*-Hybride 'Black Adder')
- Herbst-Kopfgras *(Sesleria autumnalis)*
- Lampenputzergras *(Pennisetum orientale)*
- Netzblatt-Pfingstrose (*Paeonia tenuifolia* 'Plena')
- Rote Spornblume (*Centranthus ruber* var. *coccineus*)
- Sommer-Aster (*Aster amellus* 'Veilchenkönigin')
- Sonnenhut (*Rudbeckia fulgida* var. *deamii*)
- Tautropfengras *(Sporobolus heterolepis)*
- Zottiger Ziest (*Stachys monnieri* 'Hummelo')

Stauden und Gräser sind im Normalfall mehrjährig und somit meist winterhart. Du kannst sie in einem Topf kaufen und am besten im Frühling oder Herbst pflanzen. Viele sterben im Winter oberirdisch ab und treiben im Frühling wieder aus der Wurzel aus. In der Regel sind sie sehr pflegeleicht und werden mindestens drei bis fünf Jahre alt. Stauden wie Pfingstrosen werden deutlich älter.
Als Landschaftsarchitektin liebe ich es, blühende Stauden zu verwenden. Sie leisten einen wichtigen Beitrag zur Artenvielfalt. Sehr interessant an Gräsern und immergrünen Stauden ist, dass sie einen tollen Winteraspekt liefern. Denn die Königsdisziplin in der Gartengestaltung ist es, das ganze Jahr hinweg eine attraktive Bepflanzung zu erschaffen.

Meine liebsten Stauden und Gräser

Brandkraut *(Phlomis russeliana):* Die Staude ist wüchsig, wächst horstartig und wird 60–100 cm hoch. Die dekorativen gelben Blüten schmücken die bienenfreundliche Pflanze von Juni bis Juli. Sie liebt die Sonne und bevorzugt trockene bis frische Böden. Bei der Pflanzung und Pflege sollte beachtet werden, dass sie eine äußerst schnellwüchsige und ausbreitungsfreudige Staude ist.

Garten-Reitgras (*Calamagrostis × acutiflora* 'Karl Foerster')*:* Die silbrig-rosa Blütenrispen dieses außerordentlich dekorativen Ziergrases stehen straff aufrecht. Das Gras wird 100–150 cm hoch und blüht von Juni bis

August. Es gedeiht problemlos auch auf mäßig trockenen Böden und liebt sonnige Standorte. Am besten wird es im Frühjahr eingepflanzt.

Herz-Zittergras *(Briza media):* Das Ziergras ist besonders langlebig und horstbildend. Es erreicht eine Höhe von 20–40 cm und blüht grüngelb von Mai bis Juli. Die filigranen Rispen zittern im Wind. Das heimische Gras ist wintergrün. An sonnigen Standorten fühlt es sich besonders wohl. Trockene bis frische Böden bieten eine optimale Voraussetzung. Das Gras kann von Frühjahr bis Herbst gepflanzt werden.

Indigolupine *(Baptisia australis):* Die Staude erinnert optisch an eine Lupine. Sie ist langlebig, ausdauernd und wird 80–120 cm hoch. Die Insektenweide blüht violett-blau von Juni bis Juli. Sie bevorzugt vollsonnige Plätze und ist recht anspruchslos an den Boden, gerade Trockenheit verträgt sie gut. Auch diese Pflanze kann von Frühjahr bis Herbst gesetzt werden.

Wimper-Perlgras *(Melica ciliata):* Das horstbildende Gras wächst bogig-geneigt bis aufrecht und wird 30 bis 60 cm hoch. Seine feinen blassgelben Blütenstände erscheinen von Mai bis Juni. Ein vollsonniger bis leicht schattiger Standort mit trockenem Boden ist für die heimische Pflanze geeignet. Die beste Zeit für die Pflanzung ist der Frühling.

Zierliche Fackellilie (*Kniphofia galpinii* 'St. Gallen'): Die horstig wachsende Staude hat dichte und wintergrüne Blätter. Sie wird 60–80 cm hoch und blüht orange von August bis Oktober. Sie mag sonnige Standorte und bevorzugt trockene bis frische Böden. Eine Frühjahrspflanzung ist empfehlenswert.

004

Besondere Blütenpflege
Durch spezielle Blütenschnittmaßnahmen kann bei einigen Stauden die Blütezeit verlängert werden.

Zierliche Fackellilie 'St. Gallen'

Gelber Sonnenhut (Rudbeckia)

Ein- und Zweijährige

Der Lebenszyklus der meisten Sommerblumen beträgt ein oder zwei Jahre. Einjährige Pflanzen entwickeln innerhalb eines Jahres Samen, Blätter, Blüten und Wurzeln. Zweijährige Pflanzen entwickeln im ersten Jahr Wurzeln und Blätter, aber erst im zweiten Jahr blühen sie und produzieren Samen.

Weitere Lieblinge

- Papierblume *(Xeranthemum annuum)*
- Eselsdistel *(Onopordum acanthium)*
- Färberwaid *(Isatis tinctoria)*
- Gelber Wau *(Reseda lutea)*
- Kornrade *(Agrostemma githago)*
- Gewöhnlicher Natternkopf *(Echium vulgare)*
- Große Wachsblume *(Cerinthe major)*
- Klatschmohn *(Papaver rhoeas)*
- Muskateller-Salbei *(Salvia sclarea)*
- Rotkelchige Nachtkerze *(Oenothera glazioviana)*
- Nelkenleimkraut *(Silene armeria)*
- Rundblättriges Hasenohr *(Bupleurum rotundifolium)*
- Elfenbeindistel *(Eryngium giganteum)*

Gerade an trockenen Stellen im Blumenbeet sind diese Pflanzen wertvolle Lückenfüller und beleben eine Bepflanzung. Sie schaffen es, schnell eine freie Stelle zu besiedeln. Auch ist es für sie üblich, dass sie wegen der Versamung jedes Jahr an neuen Orten im Garten auftauchen. Um diese Pflanzen im Beet anzusiedeln, gibt es zwei Optionen: Du kannst sie direkt ins Beet säen oder vorgezogene Jungpflanzen setzen.

Meine liebsten Ein- und Zweijährigen

Garten-Feldrittersporn *(Delphinium ajacis):* Diese einjährige Blume besitzt einen aufrechten, lockeren und verzweigten Wuchs. Je nach Sorte ist der traubenähnliche Blütenstand mit seinen zahlreichen Blüten weiß, hellblau, rosa und rot. Meist sind die Blüten blau und erscheinen von Juni bis August. Die Pflanze bevorzugt einen sonnigen Ort mit trockenem bis frischem Boden.

Jungfer im Grünen *(Nigella damascena):* Die einjährige Pflanze wächst aufrecht und buschig, sie erreicht etwa eine Höhe von 60 cm. Von Juni bis September erscheinen an ihren Trieben ungewöhnliche schalenförmige Blüten in blassblauer Farbe. Nach dem Blühen werden ballförmige Samenkapseln gebildet. Sie wächst bevorzugt an sonnigen Standorten mit trockenen bis frischen Böden, kommt aber mit Halbschatten auch klar. Im Freiland vermehrt sich die pflegeleichte Blume gerne durch Aussaat.

Strahlend blaue Blüten der Kornblume

Schalenförmige Blüten vom Schmuckkörbchen

Kornblume *(Centaurea cyanus):* Die Einjährige ist eine krautige, aufwärtsstrebende Pflanze mit dünnen Trieben und schmalen Blättern. Die Pflanze wird 50 cm hoch. Sie besitzt eine strahlend blaue Blüte, die von Juni bis Oktober erscheint. Die Blume bevorzugt einen trockenen bis frischen Boden, der sonnig bis halbschattig liegen sollte. Wenn es ihr ermöglicht wird, zu verblühen, versamt sie sich von selbst.

Dunkle Königskerze *(Verbascum nigrum):* Die einheimische mehrjährige gelbe Staude bildet im ersten Jahr Blattrosetten, die ab dem zweiten Jahr Blütenstände treiben. Die Blume blüht von Juni bis August. Sie wächst aufrecht und wird 60–150 cm hoch. Die wintergrüne Pflanze mag trockene bis frische Böden mit viel Sonne. Selbstaussaat.

Schmuckkörbchen *(Cosmos bipinnatus):* Das Laub der einjährigen Pflanze ist feingefiedert. Das Schmuckkörbchen wird 50–120 cm hoch. Es trägt große, schalenförmige Blüten mit einem gelben Zentrum. Die Blüten erscheinen von Juli bis Oktober in den Farben Rot, Weiß oder Rosa. Der bevorzugte Standort ist sonnig bis halbschattig mit mäßig trockenen bis frischen Gartenböden.

Wilde Möhre *(Daucus carota):* Die zweijährige Wildstaude besitzt zart gefiedertes Laub und wird 30–100 cm hoch. Sie blüht weiß von Juni bis August. Viele Käfer, Schwebfliegen, Wildbienen und Schmetterlinge tummeln sich auf den Blüten. Die Pflanze gedeiht in der Sonne und im Halbschatten. Der Boden sollte trocken, durchlässig und nährstoffarm sein.

005
Samen von Blüten ernten
Schritt für Schritt zu eigenem Saatgut.

Sträucher & Heckenpflanzen

Gehölze, wie Sträucher und Heckenpflanzen, werden meist mehr als 50 cm hoch. Durch ihre Langlebigkeit stehen sie im Gegensatz zu Stauden jahrzehntelang am selben Platz. Als Gartengestalterin nutze ich gerne Kleingehölze, um Strukturen im Blumenbeet zu kreieren, die auch im Winter Bestand haben.

Der Einsatz von Hecken wird oft durch die Grundstücksgrenze bestimmt. Sie werden so zur Hintergrundkulisse des Blumenbeetes, dabei erzeugen rhythmische Wiederholungen der Gehölze visuelle Bezugspunkte im Gartenbeet. Hecken benötigen in der Regel jährlich einen Schnitt.

Fünffingerstrauch: ideal für niedrige Hecken

Mediterranes Flair verströmt der Silberstrauch.

Meine liebsten Gehölze

Fingerstrauch *(Potentilla fruticosa)*: Der Kleinstrauch wächst kompakt, dicht verzweigt und breitbuschig. Er wird 120–150 cm hoch und besitzt rein gelbe Blüten. Diese erscheinen von Juni bis Oktober. Dank der langen Blütezeit ist er für Blumenbeete und niedrige Hecken geeignet. Der Strauch liebt die Sonne und den Halbschatten. Er mag normale, lockere Gartenböden und verträgt trockene Perioden. Gehölze sind fast ausschließlich in Containern erhältlich und können deshalb das ganze Jahr über in frostfreien Boden gepflanzt werden.

Kleiner Perückenstrauch (*Cotinus coggygria* 'Young Lady'): Das Gehölz wächst breit ausladend, etwas sparrig und aufrecht. Die Blätter sind grün, und die Sorte wird 100–120 cm hoch. Die Blüten erscheinen weiß-rosa und rispenförmig von Mai bis Juni. Der Strauch ist trockenheits- und hitzeverträglich. Er liebt die Sonne und stellt nur geringe Ansprüche an den Boden.

Kupfer-Felsenbirne *(Amelanchier lamarckii)*: Der kleine Baum besitzt eine schirmförmige Krone und mehrere starke Grundstämme, er fungiert daher auch als großer Strauch. Im April beeindruckt er mit einer reichen Blüte. Seine weiteren Stärken sind die tolle Herbstfärbung und die blauschwarzen, essbaren Beeren. Das Gehölz wächst auf allen trockenen bis feuchten Gartenböden. Es braucht einen sonnigen oder halbschattigen Platz.

Silberstrauch (*Perovskia atriplicifolia* 'Blue Spire'): Der Halbstrauch erreicht während seiner Blütezeit eine Höhe von etwa 100–200 cm. Er wächst aufrecht und locker mit silbrig-grauen Blättern. Von August bis September erscheinen violett-blaue Lippenblüten. Die Pflanze gedeiht bei uns an warmen und vollsonnigen Orten.

Rote Sommerspiere (*Spiraea japonica* 'Anthony Waterer'): Der Kleinstrauch wächst dicht und verzweigt mit vielen Trieben. Er wird 60–100 cm hoch. Die Blüten sind rosa bis pink und wunderschön. Sie erscheinen von Juli bis September. Hitze und Trockenheit stellen für die Pflanze keine Probleme dar. Sie blüht am sonnigen Ort besonders reichlich, verträgt aber auch Halbschatten. Der Strauch kommt mit allen Böden klar.

Zwerg-Duftflieder (*Syringa meyeri* 'Palibin'): Der Strauch wächst kompakt, dicht und buschig. Er wird 100–150 cm hoch. Die Blüten sind helllila und rispenförmig. Sie erscheinen von Mai bis Juni. Der Standort sollte von sonnig bis etwas halbschattig sein. Die Pflanze ist gut hitze- und trockenheitsverträglich.

Weitere Lieblinge

- Bartblume (*Caryopteris × clandonensis*)
- Bodendeckerrose (*Rosa* 'Schneeflocke'®)
- Frühlings-Duftblüte *(Osmanthus burkwoodii)*
- Gefüllter Gartenjasmin (*Philadelphus* 'Virginal')
- Japanische Zierkirsche *(Prunus serrulata)*
- Kornelkirsche *(Cornus mas)*
- Perlmuttstrauch *(Kolkwitzia amabilis)*
- Schmalblättriger Sommerflieder *(Buddleja alternifolia)*
- Weigelie (*Weigela* 'Bristol Ruby')
- Zwerg-Glanzmispel (*Photinia fraseri* 'Little Red Robin')

Musterbeete

einfach nachpflanzen

Abendsonne im Gräsermeer

Das Musterbeet schenkt sonnigen und trockenen Plätzen eine blauviolett-gelbe Abendstimmung. Das Augenmerk wurde auf die kontrastreichen Farben Violett und Gelb gesetzt. Als Inspirationsquelle liegt eine Prärie zugrunde. Typisch für Präriepflanzungen ist die Verwendung von Gräsern, denn sie gliedern sich mit ihren bläulich-gelblichen Halmen harmonisch ins Farbkonzept ein. Die Stauden sind trockenverträglich und werden gerne in Präriepflanzungen verwendet. Die Zwiebelpflanzen verlängern die Blütezeit bis in den Februar hinein und versüßen den Frühling, da Präriestauden erst spät austreiben.

Pflege

Bevor die Zwiebelpflanzen blühen, können die abgestorbenen Pflanzenteile der Stauden zurückgeschnitten werden. Die immergrünen Gräser werden stehen gelassen. Wenn die ersten Blüten der **Goldgarbe** verblüht sind, kann sie zurückgeschnitten werden, dies führt im Normalfall im Herbst zu einer weiteren Blüte. Diese Taktik hilft auch dabei, die starke Aussaat der Pflanze zu vermeiden. Da die Goldgarbe kurzlebig ist, sollte sie im Frühjahr alle drei Jahre geteilt werden. Der **Fingerhut** sollte nicht geteilt werden. Doch auch dieser versamt sich gerne, deshalb ist ein Rückschnitt nach der Blüte sinnvoll. Überschüssige Sämlinge können einfach ausgejätet werden. Auch das **Eisenkraut** hält sich durch Aussaat im Beet. Falls es nicht überhandnimmt, können die verblühten Stängel stehen gelassen werden. Andernfalls ist es möglich, die Staude bis zu einer Höhe von ca. 20 cm über dem Boden zurückzuschneiden. Das Eisenkraut ist nur bedingt winterhart und sollte in sehr kalten Gegenden über den Winter mit Laub geschützt werden. Auch das **Federgras** benötigt ein wenig Winterschutz. Im Frühjahr kann es mithilfe eines kleinen Rechens ausgekämmt werden. Der **Blauschwingel** wird nach der Blüte leicht zurückgeschnitten. Wenn das Gras schon ein wenig in die Jahre gekommen ist, kann es zur Verjüngung geteilt werden. Die **Zwiebel-Iris** braucht kaum Pflege, wenn der Standort stimmt. Auch die **Tulpe** ist sehr pflegeleicht, achte aber darauf, dass der Boden während der Blüte feucht bleibt.

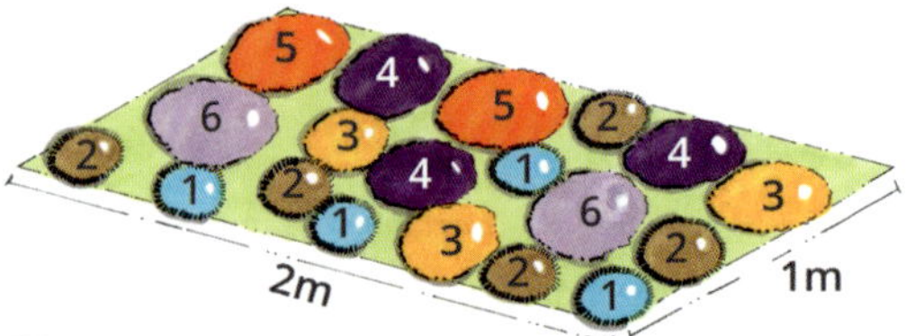

Pflanzplan

Alternativpflanzen

Weitere gelb oder blauviolett blühende Zwiebelpflanzen für diesen Standort sind Elfen-Krokus (*Crocus tommasinianus* 'Ruby Giant') und Engelstränen-Narzisse (Narcissus 'Angel's Whisper'). Natürlich können bei den Pflanzen auch andere Sorten gewählt werden. Stauden wie Akelei *(Aquilegia vulgaris)*, Kleiner Mannstreu (*Eryngium planum* 'Blaukappe'), Stockrose *(Alcea rugosa)* passen ins Konzept.

Einkaufsliste

Beetplan

1 Blauschwingel, 4 Stk.
2 Federgras, 4 Stk.
3 Goldgarbe, 3 Stk.
4 Patagonisches Eisenkraut, 3 Stk.
5 Rostfarbener Fingerhut, 2 Stk.
6 Sommer-Aster, 2 Stk.
A Wilde Tulpe, 150 Stk.
B Zwiebel-Iris, 120 Stk.

Jahresverlauf

Blauschwingel

Festuca glauca: Dieses Ziergras wächst kompakt und hat aufrechte Blütenähren. Es erreicht eine Höhe von ca. 25 cm. Das Gras mag Sonne und trockene Böden. Je magerer der Boden, desto intensiver die Laubfärbung. Es ist immergrün. Setze den Wurzelballen im Frühling in ein genügend großes Pflanzloch.

Zartes Federgras

Stipa tenuissima: Das Ziergras blüht von Juni bis Juli. Es wächst aufrecht und wird bis zu 50 cm hoch. Das wintergrüne Gras liebt einen trockenen und sonnigen Standort. Dabei wird eine Frühjahrspflanzung empfohlen. In größeren Gruppen wirkt es am besten. Es kann auch wunderschön in Steppenpflanzungen eingestreut werden.

Goldgarbe

Achillea filipendulina: Die Staude blüht goldgelb von Juni bis September. Sie bevorzugt die Sonne und trockene bis normale Gartenböden. Die reich blühende Sorte mit gefiedertem Laub wird 90–110 cm hoch. Auch bei dieser Pflanze ist eine Frühjahrspflanzung empfohlen.

Patagonisches Eisenkraut

Verbena bonariensis: Die beliebte Pflanze blüht blauviolett von Juli bis Oktober. Die stark verzweigte Staude mit aufrechten Blütenstielen wird 100–150 cm hoch. Das Eisenkraut ist nur bedingt winterhart und sollte daher am besten im Frühling eingepflanzt werden, damit es sich zum Winter gut etabliert hat. Winterschutz bei tiefen Temperaturen dennoch notwendig.

Rostfarbiger Fingergut

Digitalis ferruginea: Die mattgelbe Staude blüht von Juli bis August. Der Fingerhut wächst kerzengerade mit dunkelgrünen Winterrosetten und wird 160–180 cm hoch. Er gedeiht in der Sonne und im Halbschatten und mag trockene bis frische Böden. Er kann ganzjährig gepflanzt werden.

Sommer-Aster

Aster x frikartii 'Mönch': Die blühfreudige Sommer-Aster ist eine Bienenweide, die im August und September mit blauvioletten Blüten begeistert. Die besonders großblütige Sorte wird 80 cm hoch. Sie benötigt einen sonnigen Standort mit trockenem bis frischem Untergrund.

Wilde Tulpe

Tulipa sylvestris: Die Tulpe blüht gelb, von April bis Mai. Sie wird ca. 40 cm hoch. Die Pflanze bevorzugt (ab)sonnige Plätze und trockene bis frische Böden. Die Zwiebeln werden zwischen September und Oktober in den Boden gesteckt. Dabei werden sie in einer Entfernung von 10–20 cm verteilt.

Zwiebel-Iris

Iris reticulata: Die Zwiebelpflanze besitzt einen aufrechten und horstigen Wuchs. Sie wird 10–15 cm hoch und blüht von Februar bis März in Blau. Die Pflanze liebt die Sonne und sandige bis lehmige Böden. Setze die Zwiebeln im Herbst rund 8 cm tief in die Erde und achte auf einen durchlässigen Boden.

Goldgarbe

Rostfarbiger Fingerhut

Zwiebel-Iris

Sommer-Aster

Bunte Steppenblüten

Steppenpflanzen sind ideal für trockene Standorte. Sie lieben vollsonnige Plätze. Darum dienen Steppenlandschaften als Inspiration für dieses Musterbeetkonzept. Das bunte Farbspektrum reicht von Gelb, zu Rot bis Violett. Auch Gräser wie das Riesen-Federgras sind prägend für das Beetkonzept. Die bei uns am meisten verwendeten Steppenpflanzen stammen aus den Trockengebieten Asiens. Sie kommen zurecht mit geringen Niederschlägen, Hitze, Wind und weidenden Tieren.

Die Steppe wird durch Gräser, wie das Riesen-Federgras geprägt.

Pflege

Die **Hohe Bart-Iris** sieht auch in der Vase schön aus und darf geschnitten werden. Wenn die Staude blühfaul wird, sollte sie geteilt werden. Auch die **Hohe Fetthenne** kann problemlos geteilt werden. Ein Rückschnitt der Stauden und des Grases erfolgt am besten erst im Frühjahr, bevor die **Krokusse** blühen. Wenn die **Katzenminze** nach ihrer ersten Blüte bodennah zurückgeschnitten wird, fördert dies im Spätsommer eine zweite Blüte. Der **Steppen-Salbei** ist ebenfalls eine remontierende Staude und kann nach der Blüte um ein Drittel gekürzt werden. Außer dem Rückschnitt im Frühjahr benötigt das **Riesen-Federgras** fast keine Pflege. Die **Purpur-Witwenblume** kann nach dem erstenBlütenschub ebenfalls zurückgeschnitten werden, um eine neue Blüte anzuregen. Für ihre Langlebigkeit kann sie geteilt und zurückgeschnitten werden. Wer nicht möchte, dass sich der **Kugel-Lauch** von selbst aussät, sollte Verblühtes rechtzeitig entfernen.

Alternativpflanzen

Himalaya-Steppenkerze *(Eremurus himalaicus)* und Sternkugel-Lauch *(Allium christophii)* sind Zwiebelpflanzen, die ins Konzept passen. Geeignete Stauden fürs Steppenbeet sind Indigolupine *(Baptisia australis),* Pyrenäen-Aster (*Aster pyrenaeus* 'Lutetia') und Junkerlilie *(Asphodeline lutea).* Schöne Gräser sind Atlas-Schwingel *(Festuca mairei),* Blaues Schillergras *(Koeleria glauca)* und Wimper-Perlgras *(Melica ciliata).*

Einkaufsliste

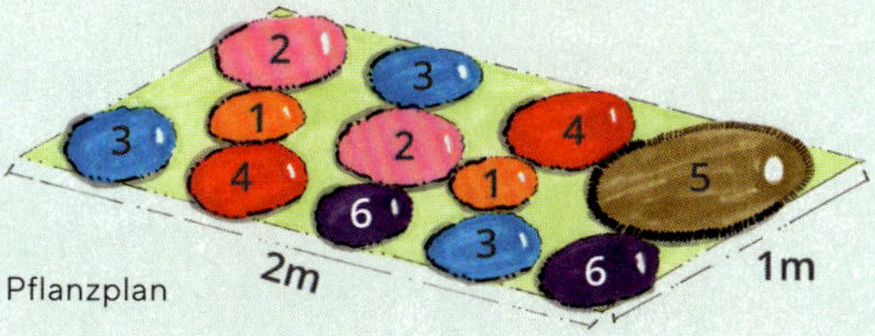

Pflanzplan

1 Hohe Bart-Iris, 2 Stk.
2 Hohe Fetthenne, 2 Stk.
3 Katzenminze, 3 Stk.
4 Purpur-Witwenblume, 2 Stk.
5 Riesen-Federgras, 1 Stk.
6 Steppen-Salbei, 2 Stk.
A Kugel-Lauch, 20 Stk.
B Elfen-Krokus, 150 Stk.

Beetplan

Jahresverlauf

Hohe Bart-Iris

Iris barbata elatior 'Jurassic Park': Die Staude besitzt eine auffallende Färbung und blüht gelblich-violett von Mai bis Juni. Sie wächst schwertförmig und wird 90–120 cm hoch. Die Iris bevorzugt trockene bis frische Böden und begeistert in jedem sonnigen Garten. Sie eignet sich am besten zur Pflanzung nach der Blütezeit.

Katzenminze

Nepeta racemosa: Dieser lila-blaue Dauerblüher wächst horstartig und buschig. Die Bienenweide blüht von April bis Juni und im September. Sie wird 30–40 cm hoch. An einem (ab)sonnigen und trockenen Standort gedeiht die Pflanze am besten. Die Staude kann grundsätzlich die ganze Saison über gepflanzt werden.

Hohe Fetthenne

Sedum-Hybride 'Herbstfreude': Sie blüht von September bis Oktober. Anfangs ist die Blüte altrosa, später verfärbt sie sich rostrot. Ihr Wuchs ist horstartig, aufrecht und buschig. Die Pflanze wird 50–70 cm hoch. Sie liebt die Sonne und trockene bis frische Böden. Die Staude setzt du am besten zu den klassischen Pflanzzeiten.

Purpur-Witwenblume

Knautia macedonica: Die Staude wächst aufrecht und locker mit dunkelweinroten Blüten an filigranen Stielen. Sie blüht von Juli bis September und wird 60–100 cm hoch. Die Insektenweide liebt sonnige Standorte und gedeiht auf trockenen bis frischen Gartenböden. Sie sollte bevorzugt im Frühling oder Herbst gepflanzt werden.

Kugel-Lauch

Hohe Bart-Iris

Riesen-Federgras

Stipa gigantea: Die haferähnlichen Blütenrispen erscheinen goldgelb von Juni bis August und bleiben bis in den Spätherbst hinein attraktiv. Der Riese unter den Ledergräsern wird 60–180 cm hoch. Das Gras mag sonnige Plätze mit trockenem Gartenboden. Es wird eine Frühjahrspflanzung empfohlen.

Steppen-Salbei

Salvia nemorosa: Diese horstbildende Staude wächst straff aufrecht und wird 40–60 cm hoch. Die Bienenweide blüht blauviolett im Juni und September. Der trockenheitsliebende Salbei bevorzugt sonnige Plätze. Ab dem zeitigen Frühling kann er bis weit in den Herbst hinein gepflanzt werden.

Kugel-Lauch

Allium sphaerocephalon: Die aufrecht wachsende Bienenweide wird zwischen 70–100 cm hoch. Sie blüht im Juli purpurfarben. Die Zwiebelpflanze liebt es sonnig und mag trockene bis frische Böden. Für den Kugel-Lauch sind Oktober und November die optimalen Pflanzzeiten.

Elfen-Krokus

Crocus tommasinianus: Der Frühjahrsblüher ist attraktiv und wird nur 10 cm hoch. Er blüht lavendel-lila von Februar bis März. Der Krokus braucht einen sonnigen bis halbschattigen Standort im Garten und wünscht sich einen trockenen bis frischen Boden. Die kleinen Knollen können von September bis November gepflanzt werden.

Elfen-Krokus

Hohe Fetthenne

Mediterranes Flair

Dieses von März bis September reich blühende Beet ist wie alle anderen Musterbeete winterhart. Das Beet verleiht dem Garten eine mediterrane Atmosphäre. Die Südländer blühen in den zurückhaltenden Farben Weiß und Blau. Sie bevorzugen es vollsonnig und trocken.

Pflege

Damit der **Lavendel** lange schön aussieht, ist es wichtig, ihn nach der Blüte leicht zurückzuschneiden. Im Frühjahr kann er dann auf kurze Ansätze geschnitten werden. Dabei aber nicht ins unbeblätterte (alte) Holz schneiden. Bei der **Bodendeckerrose** sollte altes, krankes und vertrocknetes Holz sowie Wildtriebe entfernt werden. Um die Blüten zu fördern, ist es ratsam, die Rosen kompakt zu halten. Ich rate zu einem radikalen Rückschnitt alle vier bis fünf Jahre.

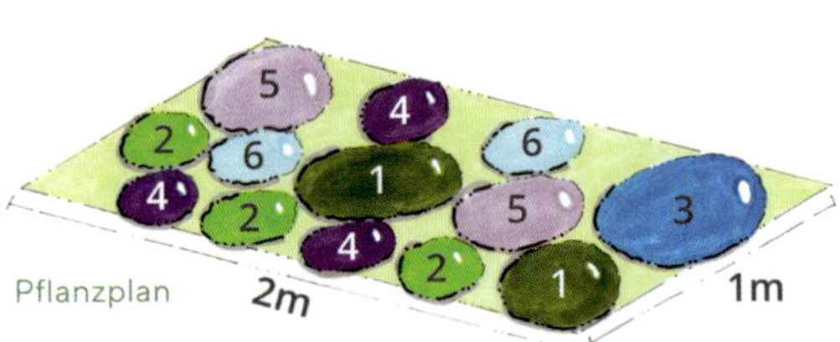

Pflanzplan

Die **Schleifenblume** sollte nicht geteilt werden. Sie wird ähnlich wie der Lavendel nach der Blüte um etwa die Hälfte zurückgeschnitten. Dabei sollte auf keinen Fall ins alte Holz geschnitten werden. Falls du nicht möchtest, dass sich die **Glockenblume** versamt, dann kannst du sie nach der Blüte bis zur Rosette zurückschneiden. Mit den Jahren sollte sie geteilt werden. Für eine zweite Blüte kann die **Kugeldistel** nach der Blüte radikal zurückgeschnitten werden. Der **Salbei** ist unkompliziert und sollte wie die anderen Stauden spätestens im Frühjahr zurückgeschnitten werden. Die **Zwiebelpflanzen** können verwildert werden.

Alternativpflanzen

Als Wahlmöglichkeit können auch mediterrane Kräuter wie Rosmarin *(Salvia rosmarinus),* Spanischer Salbei *(Salvia lavandulifolia),* Schnittlauch *(Allium schoenoprasum)* und Majoran *(Origanum majorana)* verwendet werden. Auch weiße Stauden wie Taglilie (*Hemerocallis*-Hybride 'Dad's Best White'), Schafgarbe (Achillea-Filipendulina-Hybride 'Heinrich Vogeler') oder Fackellilie (*Kniphofia*-Hybride 'Ice Queen') passen ins Konzept. Um die Blütezeit zu verlängern, können Zwiebelpflanzen wie Balkon-Krokus (*Crocus chrysanthus* 'Ard Schenk'), trockenheitsverträgliche Narzissen (*Narcissus* 'Segovia') und Zwerg-Tulpen (*Tulipa humilis* var. *pulchella* 'Albocaerulea') verwendet werden.

Einkaufsliste

Beetplan

1 Bodendeckerrose, 2 Stk.
2 Immergrüne Schleifenblume, 3 Stk.
3 Kugeldistel, 1 Stk.
4 Lavendel, 3 Stk.
5 Muskateller-Salbei, 2 Stk.
6 Pfirsichblättrige Glockenblume, 2 Stk.
A Traubenhyazinthe, 150 Stk.
B Weiße Narzisse, 40 Stk.

Jahresverlauf

Kugeldistel

Lavendel 'Hidcote Blue'

Bodendeckerrose

Rosa 'Schneeflocke'®: Der Kleinstrauch wächst aufrecht und buschig. Der Dauerblüher wird 40–50 cm hoch und blüht weiß von Mai bis Oktober. Die Pflanze bevorzugt es sonnig bis halbschattig mit kiesig bis tonigen Bodenarten. Sie kann ganzjährig gepflanzt werden. Die dicht wachsenden Rosen können eine Fläche dauerhaft bedecken.

Immergrüne Schleifenblume

Iberis sempervirens: Der Wuchs der südländischen Staude ist niederliegend und stark verzweigt, sie wird 15–30 cm hoch. Der polstrige Bodendecker blüht weiß von April bis Mai. Er gedeiht an einem sonnigen, warmen Standort mit durchlässigem Boden. Es empfiehlt sich, die Schleifenblume bis spätestens Mitte September zu pflanzen.

Kugeldistel

Echinops ritro: Die Staude wächst locker aufrecht und erreicht eine Höhe zwischen 80–100 cm. Die stahlblaue Blüte erscheint von Juli bis September. Die Samenstände sind im Herbst sehr attraktiv. Grundsätzlich kann die Staude während der gesamten Saison gepflanzt werden. Sie gedeiht in der Sonne auf trockenen bis frischen Böden.

Lavendel

Lavandula angustifolia 'Hidcote Blue': Diese Sorte wächst langsam und kompakt. Der Halbstrauch kommt auf eine Höhe von 30–40 cm. Die attraktiven dunkelvioletten Blüten erscheinen von Juni bis Juli. Lavendel wird empfohlen für sommertrockene Plätze. Bei der Anpflanzung ist es wichtig, dass der Boden durchlässig ist.

Muskateller-Salbei

Salvia sclarea: Die kurzlebige Staude wächst aufrecht und buschig. Sie wird 80–120 cm hoch. Der Salbei blüht lila-weiß von Juni bis August. Wie an seinem natürlichen Standort bevorzugt er vollsonnige, trockene Plätze. Im Garten eignet er sich für mediterrane Beete. Es ist möglich, ihn im Frühjahr als Jungpflanze zu setzen oder ihn im Sommer auszusäen.

Do!

Um mehr Urlaubsfeeling in deinen Garten zu bringen, kannst du Pflanzen wie Bougainvillée *(Bougainvillea)*, Oleander *(Nerium oleander)* und Schmucklilie *(Agapanthus)* in Töpfen auf deiner Terrasse haben. Vergiss nicht, diese zu überwintern.

Pfirsichblättrige Glockenblume

Campanula persicifolia: Die wintergrüne Staude blüht violett-blau von Mai bis August. Die einheimische Pflanze wächst buschig und wird 30–80 cm hoch. Sie ist sowohl in der Sonne als auch im Halbschatten zu finden. Auch gedeiht sie auf Böden, die frisch oder trocken sind. Es ist möglich, die Insektenweide von Frühling bis Herbst zu pflanzen.

Traubenhyazinthe

Muscari botryoides: Dieser zierliche und kleine Massenblüher besticht mit zahlreichen blauen Blütentrauben von März bis April. Die aufrechte Pflanze wird etwa 5 cm hoch. Sie favorisiert Wärme und Licht sowie trockene, durchlässige Böden. Die Zwiebeln sollten im Herbst in den Boden gesteckt werden.

Weiße Narzisse

Narcissus poeticus: Die wunderbar duftende Zwiebelpflanze besitzt schmales Laub und wird 40 cm hoch. Sie blüht weiß von April bis Mai. Die Insektenweide mag sonnige bis halbschattige Standorte mit mäßig trockenem bis frischem Boden. Es lohnt sich, die Zwiebeln im Herbst in den Boden zu stecken.

Bodendeckerrose 'Schneeflocke'

Immergrüne Schleifenblume

Muskateller-Salbei

Leckerer Kräutermix

Die sonnenliebenden Kräuter sind optimal für den trockenen Standort geeignet. Das Musterbeet ist ein Genuss für jeden Hobbykoch und Duftliebhaber. Denn eine Vielzahl von aromatischen Küchenkräutern wurden für dieses Konzept ausgesucht. Auf diese Weise kannst du deine Gerichte vom Frühling bis zum Herbst verfeinern. Das Laub der Pflanzen duftet nicht nur herrlich, sondern ist entweder silbrig oder kräftig grün. Silbernes Laub bietet großes Potenzial für die Gestaltung. Silber bringt eine sommerliche Stimmung in den Garten und betont kontrastvoll das dunkle Grün im Beet. Die Blütenfarben Rosa, Violett und Gelb spielen eine untergeordnete Rolle. Die Blütezeit erstreckt sich von April bis Oktober.

Pflege

In rauen Lagen sollten mehrjährige Kräuter wie Oregano und Rosmarin im Winter mit Reisig oder Laub abgedeckt werden. Schneide ältere **Oregano**-Pflanzen regelmäßig im Frühjahr etwa eine Handbreit über dem Boden zurück. Der **Rosmarin** wird Ende März auf alle Triebe aus dem Vorjahr auf kurze Stummel zurückgeschnitten. Damit der **Salbei** in Form bleibt, wird er auch im Frühling zurückgeschnitten. Dabei darf aber nicht zu weit ins alte Holz geschnitten werden.
Den **Thymian** schneidest du zur gleichen Zeit wie die anderen Kräuter. Kürze ihn dabei um etwa ein Drittel ein, so vergreist er über die Jahre nicht. Da die **Zitronenmelisse** wuchert, sollte sie mit Hacken im Zaum gehalten werden. Die Pflanze wird beim ersten Vergilben der unteren Blätter beziehungsweise beim beginnenden Knospenansatz zurückgeschnitten, um einen frischen Austrieb anzuregen. Ein regelmäßiger Rückschnitt des **Wermuts** im Frühjahr begrenzt seinen Ausbreitungsdrang. Um ihn zu verjüngen, kann er alle paar Jahre geteilt werden. Die vergilbten Blätter des **Zierlauchs** dürfen schon während der Blütezeit entfernt werden. Andernfalls wartest du, bis nach der Blüte die oberirdischen Pflanzenteile welken und schneidest sie dann ab.

Alternativpflanzen

Lavendel *(Lavandula angustifolia)*, Graues Heiligenkraut *(Santolina chamaecyparissus)*, Currykraut *(Helichrysum italicum)* und die Echte Edelraute *(Artemisia umbelliformis)* sind weitere Kräuter mit silbrigen Blättern. Echte Arnika *(Arnica montana)*, Baldrian *(Valeriana officinalis)*, Liebstöckel *(Levisticum officinale)* und Schnittlauch *(Allium schoenoprasum)* sind Kräuter mit kräftig grünen Blättern. Blumenzwiebeln wie Sternblume *(Ipheion uniflorum)*, Berg-Lauch *(Allium lusitanicum)* und Weinberg-Lauch *(Allium vineale)* sind essbar.

Einkaufsliste

Pflanzplan

1 Echter Wermut, 2 Stk.
2 Rosmarin, 1 Stk.
3 Salbei, 3 Stk.
4 Thymian, 3 Stk.
5 Zitronenmelisse, 2 Stk.
6 Oregano, 4 Stk.
A Purpur-Kugellauch, 5 Stk.
B Safran-Krokus, 100 Stk.

Beetplan

Jahresverlauf

Echter Wermut

Artemisia absinthium: Dieser heimische Kleinstrauch wächst aufrecht und buschig. Er wird 80–120 cm hoch. Seine silbrig-gelben Blüten erscheinen von Juli bis September. Wermut gedeiht auf trockenen und mageren Böden. Er bevorzugt die volle Sonne. Bei der Pflanzung ist darauf zu achten, dass man ihn im Kräuterbeet etwas abseits setzt.

Rosmarin

Salvia rosmarinus: Der Halbstrauch wächst dicht, buschig aufrecht und wird 80–120 cm hoch. Er blüht violett von April bis Juni und mag die volle Sonne. Damit Freilandpflanzen bis zum ersten Winter gut einwurzeln können, sollten sie im Frühjahr in möglichst magere, durchlässige Erde gesetzt werden.

Echter Salbei

Salvia officinalis: Der Halbstrauch wächst aufrecht und buschig. Er wird 40–60 cm hoch. Die violett-blauen Blüten erscheinen von Juni bis Juli. Der Salbei mag sonnige Stellen mit trockenem und durchlässigem Boden. Er kann ab Mai direkt ausgesät oder als Jungpflanze gesetzt werden.

Thymian

Thymus vulgaris: Der Halbstrauch ist flachwüchsig, horstbildend und buschig. Er wird 20–30 cm hoch, und die Blütezeit kann sich von Mai bis Oktober erstrecken. Auch der Thymian mag sonnige Orte mit trockenem Boden. Die lila blühende Pflanze wird im Topf angeboten und kann im späten Frühjahr ins Beet gepflanzt werden.

Echter Salbei

Rosmarin

Zitronenmelisse

Melissa officinalis: Die Staude blüht weißlich-rosa von Juni bis August. Sie wächst buschig und wird 50–80 cm hoch. Die Insektenweide mag es sonnig bis halbschattig. Sie benötigt einen durchlässigen und leicht trockenen Boden. Es ist ratsam, die Melisse im Frühling anzupflanzen.

Oregano

Origanum vulgare 'Compactum': Seine rosa-lila Blüten schmücken das Beet von Juli bis September. Die Bienenweide hat einen polsterbildenden Wuchs und wird 20 cm hoch. Die Staude liebt volle Sonne, und der Boden sollte leicht, durchlässig und mager sein. Sie kann während der gesamten Saison gepflanzt werden.

Purpur-Kugellauch

Allium 'Purple Sensation': Von Anfang bis Ende Mai begeistert die Zwiebelpflanze mit ihren purpurvioletten Blütenbällen den Betrachter. Die aufrecht wachsende Pflanze wird 80–90 cm hoch. Sie mag (ab)sonnige Plätze mit trockenem bis frischem Boden. Die Zwiebeln werden bevorzugt von September bis November in den Boden gesetzt.

Safran-Krokus

Crocus sativus: Der Zwerg wird lediglich zwischen 5–10 cm hoch. Im Herbst, zwischen September und Oktober, treten die lila Blüten auf. Der Safran-Lieferant mag sonnige Standorte und trockene bis frische Böden. Die Knolle des Krokus wird von Anfang August bis Ende September gepflanzt.

Purpur-Kugellauch

Safran-Krokus

Thymian

Heimisches Insektenfutter

Dieses Musterbeet besteht aus heimischen Blütenstauden. Die Stauden dienen als Futterquelle für Insekten, wie Bienen und Schmetterlinge. Das blühfreudige Blumenbeet liebt die Sonne und bevorzugt einen trockenen Boden. Die Blütezeit erstreckt sich von März bis in den Herbst hinein.

Pflege

Die **Schafgarbe** ist unglaublich beliebt bei Insekten. Die heimische Pflanze sollte regelmäßig alle drei bis vier Jahre geteilt werden. Die **Rosen-Malve** hält sich dank Selbstaussaat im Beet, denn die Malve ist nicht sehr langlebig. Ein Rückschnitt nach der Blüte erhöht die Lebensdauer der Pflanze. Bei der **Akelei** empfiehlt es sich, die Blütenstiele unmittelbar nach der Blüte abzuschneiden, um eine Selbstaussaat der Pflanze zu verhindern. Auch die **Glockenblume** ist typisch für den Naturgarten. Ihre Stängel sollten vor der Samenreife abgeschnitten werden, da sich die Pflanze sonst von selbst stark aussät. Im Frühjahr oder Herbst kann sie zur Verjüngung geteilt werden. Für bessere Wachstums- und Blühkraft sollte auch der **Storchschnabel** alle zwei bis drei Jahre geteilt werden. Beim Storchschnabel ist es erforderlich, von Zeit zu Zeit schwache Wurzeln und Triebe zu entfernen. Düngergaben oder geregeltes Gießen sind bei der pflegeleichten **Küchenschelle** nicht nötig. Bei dieser Bepflanzung habe ich dir keine Zwiebelpflanzen vorgeschlagen, sondern Saatgut von **Acker-Witwenblume** und **Wiesen-Salbei**, welches du als Ergänzung der Bepflanzung direkt ins Beet streuen kannst. Im Frühjahr können die Wildstauden bodennah zurückgeschnitten werden.

Insekten haben heimischen Blütenstauden zum Fressen gerne.

Alternativpflanzen

Oregano *(Oreganum vulgare)*, Echte Katzenminze *(Nepeta cataria)*, Steppen-Salbei *(Salvia nemorosa)* und Wiesen-Storchschnabel *(Geranium pratense)* sind heimische und insektenfreundliche Stauden.

Einkaufsliste

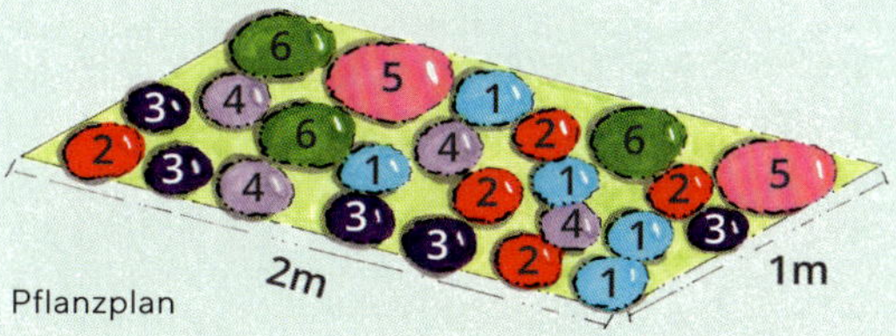

Pflanzplan

1 Akelei, 5 Stk.
2 Blut-Storchschnabel, 5 Stk.
3 Dalmatiner Glockenblume, 5 Stk.
4 Küchenschelle, 4 Stk.
5 Rosen-Malve, 2 Stk.
6 Wiesen-Schafgarbe, 3 Stk.
A Acker-Witwenblume, 1 Pack
B Wiesen-Salbei, 1 Pack

Beetplan

Jahresverlauf

Rosen-Malve

Küchenschelle

Akelei

Aquilegia vulgaris: Die Staude wächst aufrecht, locker und horstbildend mit langen Blütentrieben. Sie blüht violett-blau von Mai bis Juni. Die bienenfreundliche Pflanze wird 50-60 cm hoch. Sie steht gerne sonnig bis halbschattig und bevorzugt trockene bis frische Böden. Frühjahr oder Herbst sind gute Zeiten, um die heimische Akelei ins Beet zu bringen.

Blut-Storchschnabel

Geranium sanguineum: Die stark wachsende Polsterstaude hat einen kissenartigen Wuchs und wird 30–40 cm hoch. Sie blüht karminrot von Juni bis August. Es ist wichtig, dass der Boden trocken und der Standort sonnig oder maximal halbschattig ist. Das Einpflanzen der Staude ist ganzjährig möglich.

Dalmatiner Glockenblume

Campanula portenschlagiana: Diese Wildstaude besitzt einen teppichartigen Wuchs. Sie blüht blauviolett von Juni bis August und wird 20–30 cm hoch. Im Herbst ist meist eine herrliche Nachblüte zu sehen. Die Insektenweide liebt die Sonne oder den Halbschatten sowie trockene bis frische Böden. Sie kann vom Frühjahr bis zum Herbst gepflanzt werden.

Küchenschelle

Pulsatilla vulgaris: Die heimische Staude wächst aufrecht, sehr buschig und erreicht eine Höhe von etwa 25 cm. Die violette Blüte zeigt sich von März bis April und ihr Fruchtstand ist überaus dekorativ. Sie liebt Sonne und trockene Böden.

Rosen-Malve

Malva alcea: Die Pflanze dient als Raupenfutter für Schmetterlinge und wird 80 cm hoch. Die tiefrosa Blüte dient von Juni bis September als Pollenquelle für Wildbienen. Die Staude möchte einen sonnigen Standort mit trockenem bis frischem Boden haben. Sie kann als kleine Pflanze gekauft oder im Frühling ausgesät werden.

Wiesen-Schafgarbe

Achillea millefolium: Die Wildstaude besitzt eine kompakte Basis mit aufrecht stehenden weißen Blütentrieben von Juni bis Juli und September. Sie wird 30–60 cm hoch und mag die volle Sonne. Der Boden sollte trocken bis frisch sein. Die heimische Pflanze lockt viele Bienen, Schmetterlinge und andere Insekten an. Sie kann die ganze Saison hindurch gepflanzt werden.

Acker-Witwenblume

Knautia arvensis: Die Wildstaude gedeiht horstartig aufrecht mit langen, dünnen Stängeln mit violett-blauen Blüten. Die Blütezeit erstreckt sich von Mai bis August. Sie wird 30–100 cm hoch. Die heimische Pflanze mag vollsonnige sowie trockene bis frische Standorte. Sie kann zwischen September und April direkt ins Freiland gesät werden.

Wiesen-Salbei

Salvia pratensis: Die heimische Pflanze wächst horstartig mit buschig aufrechten Trieben und wird 40–60 cm hoch. Sie ist eine wichtige Futterpflanze für Bienen, Hummeln und Schmetterlinge. Die violett-blauen Blüten erscheinen von Mai bis Juli und im September. Die Wildstaude bevorzugt trockene und sonnige Standorte. Die Freilandsaat findet von März bis Juli statt.

Akelei

Dalmatiner Glockenblume

Goldener Empfang

Der Vorgarten ist die Visitenkarte des Hauses. Ein Besucher erblickt ihn zu allererst, er empfängt ihn. Das Musterbeet besteht aus mehrheitlich gelben Blütenstauden. Die gelbpanaschierten Blätter des Spindelstrauchs unterstreichen das Konzept zusätzlich. Das Beet liebt sonnige Plätze mit trockenem Boden. Die Blütezeit erstreckt sich von März bis September.

Pflege

Die **Kriechspindel** lässt sich leicht zu jeder Jahreszeit zurückschneiden. Die Lebensdauer der **Stockrose** kann durch einen Rückschnitt nach der Blüte verlängert werden. Die **Indigolupine** schmückt auch im Winter den Garten, deshalb empfiehlt es sich, die alten Triebe erst im Frühjahr abzuschneiden. Auch das gelbgrüne **Berg-Reitgras** wird erst im Frühjahr zurückgeschnitten, denn es bleibt ebenso bis in den Winter hinein attraktiv. Verblühte Blütenstände der **Skabiose** sollten zurückgeschnitten werden, die Maßnahme fördert den Neuaustrieb. Werden ältere **Zwerg-Bart-Iris** nach mehreren Jahren blühfaul, dann teile den gesamten Horst vorsichtig. Schneide ab Ende März die abgestorbene **Steppenkerze** circa handhoch über dem Boden ab. Die verblühten Köpfe der **Narzissen** sollten entfernt werden, die Blätter dürfen jedoch erst nach dem Vergilben abgeschnitten werden. Die abgestorbenen Pflanzen der Musterbeete werden allgemein im Frühjahr abgeschnitten und können danach mit Kompost gestärkt werden.

Einkaufsliste

1 Spindelstrauch, 3 Stk.
2 Ausdauernde Stockrose, 2 Stk.
3 Gelbe Indigolupine, 1 Stk.
4 Berg-Reitgras, 1 Stk.
5 Gelbe Skabiose, 2 Stk.
6 Zwerg-Bart-Iris, 4 Stk.
A Steppenkerze, 4 Stk.
B Alpenveilchen-Narzisse, 50 Stk.

Alternativpflanzen

Kandelaber Königskerze *(Verbascum olympicum)*, Brandkraut *(Phlomis russeliana)*, Heller Sonnenhut (*Echinacea*-Hybride 'Sunrise') und Teppich-Golderdbeere *(Waldsteinia ternata)* sind gelb blühende Stauden. Wilde Tulpe *(Tulipa sylvestris)*, Gold-Lauch *(Allium moly)* und Gold-Krokus *(Crocus flavus)* sind Zwiebelpflanzen, die den Frühling vergolden. Folgende Pflanzen besitzen gelbe Blätter und würden das Konzept des goldenen Empfangs unterstützen: Gelber Dost (*Origanum vulgare* 'Thumbles Variety'), Gelbbunter Gewürz-Salbei (*Salvia officinalis* 'Icterina'), Gold-Tripmadam (*Sedum reflexum* 'Angelina') und Gold-Thymian (*Thymus* x *citriodorus* 'Aureus').

Pflanzplan

Beetplan

Jahresverlauf

Schönes Beet zu jeder Jahreszeit

Dieses Ganzjahresbeet wirkt nicht nur schön im Frühling, sondern überzeugt auch im Sommer, Herbst und Winter. Das Musterbeet blüht von Februar bis Oktober in den harmonischen Farben Blau, Violett, Rosa und Silber. Im Herbst und Winter sind attraktive Fruchtstände die Hingucker. Die Pflanzen mögen einen sonnigen Standort und bevorzugen einen trockenen Boden.

Pflege

Es ist ratsam, die **Bartblume** regelmäßig im Frühjahr zu schneiden, damit sie buschig und mit viel Blütenreichtum gedeihen kann. Schneide die **Elfenbeindistel** erst im Frühjahr zurück, da die Samenstände das Beet im Winter zieren. Auch die Prachtkerze sollte erst im Frühjahr zurückgeschnitten werden, schütze sie im Winter mit Laub oder Reisig. Ein angemessener Rückschnitt alle zwei bis drei Jahre nach der Blüte ist für die **Schneeheide** entscheidend. **Polster-Phlox** und der **Purpur-Sonnenhut** können zur Verjüngung geteilt werden. Wer möchte, kann die verwelkten Blüten des Sonnenhuts regelmäßig entfernen oder für ein attraktives Winterbild stehen lassen. Nach der Blüte unterstützt ein Rückschnitt des Polster-Phloxes das Wachstum und die Vitalität. Im Winter sollten **Balkan-Anemonen**, die neu gepflanzt wurden, mit Laub oder Reisig bedeckt werden. Wenn sich die Anemone zu stark ausbreitet, kann sie einfach geteilt werden. Die verwelkten Blütenköpfe der **Tulpen** werden sofort zurückgeschnitten. Das Laub wird erst dann abgeschnitten, wenn es vollständig vergilbt ist.

Alternativpflanzen

Schafgarbe (Achillea-Millefolium-Hybride 'Lilac Beauty'), Sommer-Aster (*Aster* x *frikartii* 'Mönch'), Kugeldistel *(Echinops ritro)* und Großer Woll-Ziest (*Stachys byzantina* 'Big Ears') sind Stauden mit attraktiven Fruchtständen auch im Winter. Folgende Zwiebelpflanzen versüßen den Frühling und passen ins Farbkonzept: Elfen-Krokus *(Crocus tommasinianus)*, Schneeglanz *(Chionodoxa luciliae)*, Hyazinthe (*Hyacinthus orientalis*) und Traubenhyazinthe *(Muscari botryoides)*.

Don't

Wenn du dein Blumenbeet selbst plantst, achte darauf, dass dieses nicht nur in einer Jahreszeit überzeugt. Das Beet sollte nicht nur im Sommer blühen, sondern auch im Frühling und Herbst.
Im Winter wirken stehen gelassene Fruchtstände.

Einkaufsliste

Pflanzplan

1 Bartblume, 1 Stk.
2 Elfenbeindistel, 2 Stk.
3 Polster-Phlox, 3 Stk.
4 Purpur-Sonnenhut, 3 Stk.
5 Prachtkerze, 2 Stk.
6 Schneeheide, 3 Stk.
A Rosa Balkan-Anemone, 30 Stk.
B Triumph-Tulpe, 50 Stk.

Beetplan

Jahresverlauf

Elfenbeindistel

Sonnenhut

Schneeheide

Triumph-Tulpe

Prachtkerze

Pflanzen im Überblick

Name	Aussehen	Pflanzung
Bartblume (*Caryopteris × clandonensis*)	· wächst aufrecht und buschig · Zwergstrauch wird 80–100 cm hoch · viele blaue Blüten von Juli bis September	· bevorzugt sonnige und trockene Plätze · am besten im Frühling pflanzen
Elfenbeindistel *(Eryngium giganteum)*	· zweijährige Staude, wächst aufrecht und horstbildend · wird 40–80 cm hoch · blüht weiß-silbrig von Juli bis August	· benötigt frischen bis trockenen Boden mit reichlich Sonne · kann während der Saison gepflanzt werden
Polster-Phlox (*Phlox subulata* 'Emerald Cushion Blue')	· wächst kriechend und polsterbildend · Staude wird 15 cm hoch · bildet hell-lavendelblaue Blüte von Mai bis Juni	· trockener bis frischer Boden ist ideal · beste Pflanzzeit ist das zeitige Frühjahr
Purpur-Sonnenhut *(Echinacea purpurea)*	· Staude besitzt einen aufrechten, buschigen Wuchs · wird 80–100 cm hoch · blüht purpurrosa von Juli bis September	· idealer Standort ist vollsonnig mit trockenem bis frischem Boden · einpflanzen ganzjährig möglich
Prachtkerze *(Gaura lindheimeri)*	· Staude wächst aufrecht und horstbildend · wird 50–60 cm hoch · blüht weiß-rosa von Juni bis September	· liebt die Sonne · braucht frischen bis trockenen Boden · Frühjahrsbepflanzung empfohlen
Schneeheide *(Erica carnea)*	· ist kompakt mit kriechendem Wuchs · Zwergstrauch wird 10–30 cm hoch · bildet rosa Blüte von Januar bis April	· bevorzugt sonnige bis halbschattige Plätze · mag trockene bis frische Böden · Einpflanzen ganzjährig möglich
Balkan-Windröschen *(Anemone blanda)*	· Zwiebelpflanze wird etwa 15 cm hoch · blüht blau von Februar bis April	· benötigt Sonne oder Halbschatten · liebt trockene bis frische Böden · sollte im Herbst gepflanzt werden
Triumph-Tulpe (*Tulipa* 'Negrita')	· besitzt eine Höhe von etwa 40–50 cm · Zwiebelpflanze, blüht dunkelpurpur von April bis Mai	· mag sonnige und mäßig trockene bis frische Plätze · Herbstpflanzung empfohlen

Sichtschutz

Die Privatsphäre im Garten wird durch einen blickdichten Sichtschutz garantiert. Denn in einem Garten, der Geborgenheit vermittelt, fühlt man sich wohl. Eine attraktive Lösung ist ein lebendiger Sichtschutz bzw. eine Hecke, daher besteht das letzte Musterbeet aus schnittverträglichen Gehölzen. Dieses wird nicht auf 4 m^2 gerechnet, sondern auf 4 Laufmeter. Am Fuße der Gehölze wird ein wintergrüner Bodendecker gepflanzt. Hecke und Bodendecker blühen harmonisch in den Farben Weiß bis Gelb von April bis Juli. Diejenigen, die grüne Hecken langweilig und monoton finden, werden dieses Mischhecke genießen. Die verschiedenen Blattformen und -farben schaffen eine vielfältige und abgestimmte Einheit. Im Winter sind der Liguster und die Eibe grün, das Holz des Hartriegels wirkt dann meist sehr attraktiv. Die Blätter von Hartriegel und Liguster sind panaschiert, die Blätter der Hecken-Berberitze dekorativ mit rotbrauner Farbe. Im Herbst färbt sich die Hecken-Berberitze spektakulär karminrot.

Pflanzplan

Pflege

Die Mischhecke benötigt keine spezielle Düngung, eine Kompostgabe im Frühjahr ist ausreichend. Die beiden **Liguster** sind äußerst pflegeleicht. Damit sie in Form bleiben, benötigen sie einen jährlichen Schnitt. Die **Eibe** ist eines der schnittverträglichsten Gehölze überhaupt, ein regelmäßiger Schnitt sorgt für blickdichten Wuchs. Die **Hainbuche** wächst ziemlich stark, weswegen sie zweimal jährlich mit einer Heckenschere geformt werden sollte. Um eine gute Verzweigung zu ermöglichen, sollte die **Berberitze** direkt beim Pflanzen um ungefähr ein Drittel bis zur Hälfte gekürzt werden. Danach kann sie bei Bedarf geschnitten werden.

Der schnittverträgliche **Purpur-Hartriegel** besitzt leuchtend rote Austriebe. Je öfter der Strauch geschnitten wird, desto farbenfroher ist die Rinde. Der beste Schnittzeitpunkt ist im Spätwinter. Dabei sollten alle Triebe, die über drei bis vier Jahre alt sind, mit der Astschere in Bodennähe entfernt werden. Äste, die sich überkreuzen und zu dicht stehen, werden ebenfalls entfernt. Es ist ratsam, das Unkraut zwischen den Bodendeckern sorgfältig zu beseitigen, bis sich ein dichter Teppich gebildet hat.

Alternativpflanzen

Kornelkirsche *(Cornus mas)*, Rote Glanzmispel (*Photinia* x *fraseri*), Portugiesischer Lorbeer *(Prunus lusitanica)*, Feld-Ahorn *(Acer campestre)* sind weitere Heckenpflanzen, die Sonne und Trockenheit vertragen.

Einkaufsliste

Beetplan

1 Eibe, 1 Stk.
2 Gold-Liguster, 1 Stk.
3 Gemeiner Liguster, 1 Stk.
4 Hainbuche, 1 Stk.
5 Rote Hecken-Berberitze, 1 Stk.
6 Weißbunter Purpur-Hartriegel, 1 Stk.
7 Balkan-Storchschnabel, 6 Stk.
8 Teppich-Golderdbeere, 12 Stk.

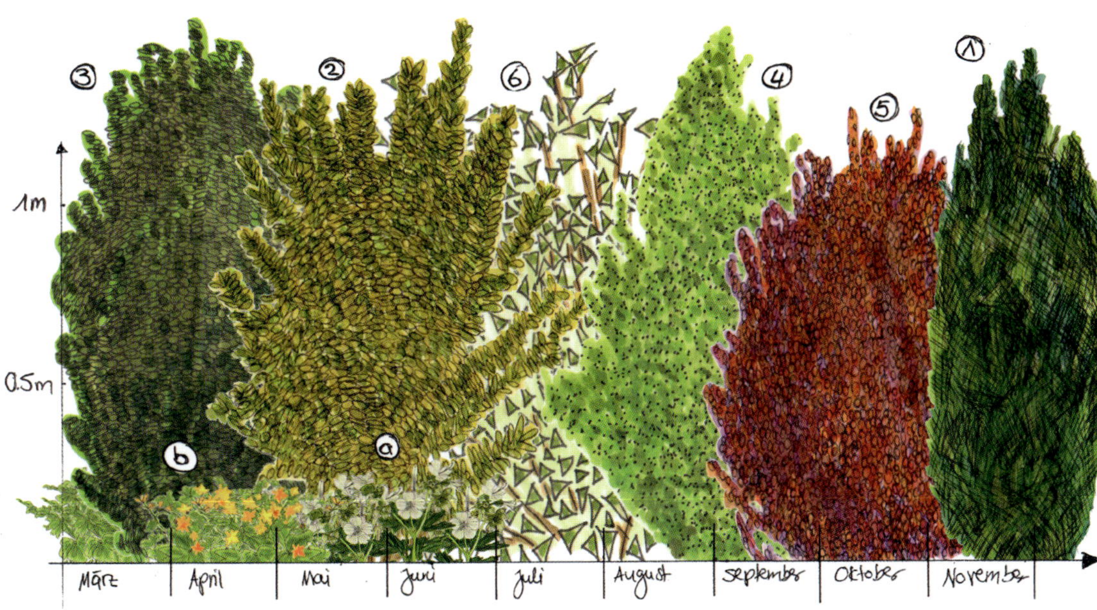

Jahresverlauf

Gold-Liguster

Hainbuche

Eibe

Rote Hecken-Berberitze

Weißbunter Purpur-Hartriegel

Pflanzen im Überblick

Name	Aussehen	Pflanzung
Eibe *(Taxus baccata)*	· Das schnittverträgliche Gehölz wird 2–10 m hoch. · blüht unscheinbar von März bis April · besitzt immergrüne Nadeln	· verträgt trockene Böden · kann sonnig bis schattig stehen
Gold-Liguster (*Ligustrum ovalifolium* 'Aureum')	· Höhe des Gehölzes ist 1,80–3 m · grün-gelber Blattschmuck · blüht rispenförmig weiß von Juni bis Juli	· Die Heckenpflanze ist anspruchslos an den Boden. · benötigt Sonne oder Halbschatten
Gemeiner Liguster *(Ligustrum vulgare)*	· wird 2–4 m hoch · weiße Rispen erscheinen von Juni bis Juli · wintergrüner und heimischer Strauch	· mag sonnige bis schattige Standorte · liebt trockene bis feuchte Böden
Hainbuche *(Carpinus betulus)*	· Gehölz wird 3–14 m hoch · blüht unscheinbar im April · Blätter verfärben sich im Herbst gelb	· verträgt Sonne bis Schatten · mag es mäßig trocken bis feucht
Rote Hecken-Berberitze (*Berberis thunbergii* 'Atropurpurea')	· erreicht eine Höhe von 2–3 m · rot leuchtende Hecke, blüht im Mai · Blätter färben sich im Herbst scharlachrot	· benötigt sonnige bis halbschattige Standorte · kann trocken stehen
Weißbunter Purpur-Hartriegel (*Cornus alba* 'Sibirica Variegata')	· blüht weiß im Mai · besitzt junge Triebe mit roter Farbe · Sorte hat weiß-grüne Blätter	· liebt Sonne und auch Halbschatten · verträgt trockene Gartenböden
Balkan-Storchschnabel (*Geranium macrorrhizum* 'White Ness')	· Der Bodendecker wird etwa 15–25 cm hoch. · blüht reinweiß von Mai bis Juli	· mag trockene und sonnige bis halbschattige Plätze · Einpflanzen ganzjährig möglich
Teppich-Golderdbeere *(Waldsteinia ternata)*	· Bodendecker wird etwa 10 cm hoch · bildet gelbe Blüten von April bis Mai	· idealer Standort ist absonnig bis schattig mit trockenem bis frischem Boden · kann während der Saison gepflanzt werden

Register

Fette Seitenzahlen verweisen auf Abbildungen.

Bildnachweis
Mit 96 Farbfotos und 35 Farbzeichnungen von Iris Winkenbach.

Weitere Farbfotos von:
shutterstock (2): /photoPOU S. 32, /ForestSeasons S. 49 ore;

Impressum
Umschlaggestaltung von GRAMISCI Editorialdesign/Stefanie Wawer unter Verwendung von 12 Farbfotos und 3 Farbzeichnungen von Iris Winkenbach sowie einem Farbfoto von Flora Press/ Antje Michaelis-Haeg (Covervorderseite).

Mit 110 Farbfotos und 38 Farbzeichnungen.

Alle Angaben in diesem Buch sind sorgfältig geprüft und geben den neuesten Wissensstand bei der Veröffentlichung wieder. Da sich das Wissen aber laufend in rascher Folge weiterentwickelt und vergrößert, muss jeder Anwender prüfen, ob die Angaben nicht durch neuere Erkenntnisse überholt sind.
Die Blütenfarben sind sortenabhängig, daher können auch Farben auf dem Markt sein, die im Buch nicht genannt werden. Die Blütezeiten sind ebenfalls sortenabhängig, aber auch klima- und standortabhängig. Die angegebenen Wuchshöhen und -breiten der Pflanzen sind Mittelwerte. Sie können je nach Nährstoffgehalt des Bodens variieren. Verschiedene Sorten können deutlich größer oder auch kleiner wachsen als die Art.

Gedruckt auf chlorfrei gebleichtem Papier

2025, Franckh-Kosmos Verlags-GmbH & Co. KG,
Pfizerstraße 5-7, 70184 Stuttgart
kosmos.de/servicecenter

ISBN 978-3-440-18121-8
Projektleitung: Birgit Grimm
Redaktion: Birgit Grimm
Gestaltungskonzept: GRAMISCI Editorialdesign/Claudia Geffert
Gestaltung und Satz: typopoint GbR, Ostfildern
Produktion: Klaus Jost
Druck und Bindung: Westermann Druck Zwickau GmbH, Zwickau
Germany / Imprime en Allemagne

FSC
www.fsc.org
MIX
Papier | Fördert gute Waldnutzung
FSC® C110508